新文京開發出版股份有限公司
NEW WCDP
新世紀・新視野・新文京 — 精選教科書・考試用書・專業參考書

New Wun Ching Developmental Publishing Co., Ltd.

New Age · New Choice · The Best Selected Educational Publications — NEW WCDP

居家害蟲防治技術

第二版

LECTURE NOTES ON HOUSEHOLD PEST CONTROL TECHNOLOGY

王凱淞・編著

國家圖書館出版品預行編目資料

居家害蟲防治技術 / 王凱淞編著. – 二版. –
新北市：新文京開發，2023.05
面；　公分

ISBN　978-986-430-917-7（平裝）

1.CST：病媒防制　2.CST：居家環境衛生

412.49　　112004027

居家害蟲防治技術（二版）　（書號：**B428e2**）

作　　者	王凱淞
出 版 者	新文京開發出版股份有限公司
地　　址	新北市中和區中山路二段 362 號 9 樓
電　　話	(02) 2244-8188（代表號）
F A X	(02) 2244-8189
郵　　撥	1958730-2
初　　版	西元 2020 年 7 月 15 日
二　　版	西元 2023 年 5 月 1 日

建議售價：400 元

法律顧問：蕭雄淋律師

ISBN　978-986-430-917-7

二版序

PREFACE

本書延續第一版的架構和特色，以統一格式貫穿全書來說明居家害蟲防治技術的重要觀念，並以豐富的圖、表說明。因應這個做法，作者收集 2020 年以後的昆蟲學文獻及病媒害蟲防治業界的創新作法，在每一章節都做了更新。此外，每一章節都做了程度不一的潤色，除了內容上更豐富、完整外也更精確且顯的文字表達，在每一章節後的課後複習考試題目也大幅更新，便於讀者閱讀、參考及應付各種相關的考試。這些習題都是筆者近幾年教授於中山醫學大學公共衛生學系所的課程時，自己出的作業或考試題目。期望讀者可以更容易的理解、吸收和正確的應用於居家害蟲防治技術的觀念。

書中所談到的防治概念及技術是依照該社區或居家環境、地形特徵、氣候因素、人們生活習性與病媒害蟲的生態等，進行有效的監控、驅離或消滅。防治的策略則是依照該病媒害蟲的生態習性、族群監測、抗藥性與天敵因素為考量基礎。本書以探討病媒防治在居家環境和衛生的重要性，延伸到環境的可能助長因素，進而提供防治策略、安全及有效的運用，參酌許多國內外實施病媒防治的歷史及經典文獻，深入探討「害蟲－宿主－環境」這條生物鏈及介入、整合的管制策略，包括：病媒管制的概念、控制病媒的環境管理、生物防治概念、認識害蟲的天敵及環境衛生用藥的應用等。此外，書中也介紹了外來入侵害蟲及害蟲的天敵，及環境衛生用藥的特性、使用安全與環境影響等。

感謝各醫學大學公共衛生學系、餐飲管理學系、醫院管理學系、環安學系，及衛生單位、環保單位、病媒防治業者等，採用為教科書及列為必要之參考書籍。各方先進來信所指正的謬誤及建議以已逐一改進。為使此書盡善盡美，敬祈學術與實務業界諸先進賢達惠與批評賜教，也企盼讀者諸君不吝指正，則無任感激。

王凱淞　謹識

於　中山醫學大學　公共衛生學系

May 2023

作者簡介

AUTHOR

王凱淞

學歷

國立中興大學昆蟲所博士

高雄醫學院醫研所碩士

中山醫學院醫技系學士

經歷

中山醫學大學公衛系副教授

中山醫學大學公衛系助理教授

證照

環保署環境衛生用藥製造及販賣技術士

環保署病媒防治技術士

醫檢師

現職

中山醫學大學公衛系教授

目 錄

CONTENTS

CHAPTER

12 殺蟲劑的毒性與中毒時的緊急處 271

參考文獻 279

全書彩圖

課後複習答案

CHAPTER 01

總論

本章大綱

1-1 居家常見的爬行性害蟲

1-2 居家常見的飛行性害蟲

1-3 居家常見的木類害蟲

1-4 廚房、浴室、廁所常見的害蟲

1-5 眼睛不易見到的害蟲

1-6 書籍衣服的害蟲

1-7 戶外的害蟲

1-8 外來入侵害蟲

1-9 居家非昆蟲——害蟲的天敵

1-10 殺蟲劑正確的使用方法

前言

臺灣處於溫帶與亞熱帶地區（東經 120 度至 122 度，北緯 22 度至 25 度），氣候溫暖多濕（臺灣北部為副熱帶季風氣候，南部為熱帶季風氣候），環境適合各種病媒昆蟲之生長與繁殖。蚊子、蒼蠅、果蠅、螞蟻、隱翅蟲、蟑螂、蛾蚋、衣魚、衣蛾、塵蟎及蝨子等為人們常見的病媒害蟲，蜈蚣、馬陸偶爾也可發現於室內。其中蚊子、蒼蠅、蟑螂、老鼠被稱為是臺灣公共衛生的四大害蟲。以上這些害蟲不但直接干擾民眾之日常生活，有的甚至能攜帶致病原傳播多種人類疾病，如登革熱、瘧疾、傷寒、霍亂、痢疾、鼠疫等，影響人們健康及社會經濟。社區環境及居家所發現的昆蟲，不論是否傳播人類或家畜之疾病或是騷擾性昆蟲，都是和人類關係最密切的直接或間接害蟲。唯有能辨識各類居家害蟲並瞭解其發生之生態背景、習性及管制策略，才能提升人類居家環境品質，確保健康與減少儲物之損失。

一個住家的環境及結構可以決定害蟲的入侵途徑、躲藏與種類，管理清潔維護則可決定發生的頻率與數量。如市區周邊餐飲店面多，即有蟑螂及蚊、蠅等地棲性蟲害，其後隨著房子結構縫隙、加建部分及各類管線孔洞等侵入住家。若住家本身較為擁擠髒亂，亦可能形成蟑螂、蒼蠅、蚊子等害蟲的孳生環境。室內若較潮濕、通風不良的狀況則易孳生如衣魚、衣蛾、書蝨、塵蟎等危害。家裡的廚餘垃圾若未每日清除且未加蓋，則易孳生蒼蠅、果蠅、蟑螂、螞蟻等害蟲；廚房的廚餘或水果腐壞發酵後易孳生大量的果蠅飛舞。有時候會看到蟑螂及牠的剋星蜈蚣，從廚房或陽臺的排水孔跑出來，驚嚇到住戶中的婦女與幼童。社區大樓的地下室抽排水、分解功能不佳及易淤積的汙水化糞池等，都可能導致家蚊、蛾蚋等害蟲大量孳生。新購置家具或新作裝潢亦常會發現有危害木頭的蛀蟲或幼蟲，及食性為真菌的書蝨、嚙蟲等干擾性昆蟲。陽臺盆栽花圃排水不良或地面有大量的腐質有機物等，有時會引發大量的馬陸。

以上多是因環境不良所造成的蟲害問題，要有效的防治這些害蟲，首要即是改善所處的生活環境，其次是物理防治的措施，最後才是使用化學性藥劑來防除。

居家常見及可能發生之蟲害，依其特性，簡單分類如下：

1. 爬行性害蟲：如蟑螂、螞蟻。
2. 飛行性害蟲：如家蚊、搖蚊、果蠅、蒼蠅、隱翅蟲。
3. 木類害蟲：如家天牛、蛀木蟲。
4. 廚房、浴室、廁所常見的害蟲：如蛾蚋、蚤蠅。
5. 眼睛不易見到的害蟲：如塵蟎、恙蟎、人疥蟎。
6. 書籍、衣服的害蟲：如書蝨、衣魚、衣蛾。
7. 戶外的害蟲：如虎頭蜂、馬陸、姬緣椿象。
8. 外來入侵害蟲：如荔枝椿象、紅火蟻、秋行軍蟲。
9. 居家非昆蟲——害蟲的天敵：如蜘蛛、蜈蚣、蚰蜒、壁虎。

1-1 居家常見的爬行性害蟲

一、螞蟻

螞蟻為蟻科昆蟲，屬群聚性的昆蟲，體積小(2~3 mm)、繁殖力強且極易溢散，很容易伴隨貨品貿易入侵至其他領地。臺灣常見的蟻類，如小黃家蟻、中華單家蟻、臭巨山蟻、熱帶大頭蟻及狂蟻…等。螞蟻透過費洛蒙溝通，由於牠們平時都生活在一個蟻巢中，所以這種溝通方式比其他膜翅目的昆蟲來得發達。螞蟻和其他昆蟲一樣透過觸角辨識氣味，觸角的末幾節膨大，呈膝狀彎曲，非常靈活。螞蟻如果發現了食物，牠就會在回巢的路上留下一路的氣味，其他的螞蟻就會沿著這條路線去找食物，並不斷地加強氣味。「就算沒有甜食引誘，只要天氣變熱，螞蟻也會從不知名的洞口源源不絕的進到家裡」，這是家庭主婦們都曾遭遇過的困擾，舉凡牆角的小洞、門窗隙縫、甚至是插座口，螞蟻都能無孔不入的成功占領地盤。蟻類並不會造成人們的任何損失或傳染疾病。如果這裡的食物被採集完了，沒有螞蟻再來，氣味就會逐漸消散。如果一隻螞蟻被碾碎，就會散發出強烈的氣味，立即引起其他螞蟻警惕，都處於攻擊狀態。

➲ 防治方式

居家蟻類防治，針對食物及廚房的整理；需有密封、清潔、去除及脫水等概念。蟻類防治可使用誘殺劑；自製硼酸糖液（硼砂 1 公克＋糖 10 公克＋90 mL 溫水）置於蟻類出沒處，或使用忌避劑；將辣椒粉、蒜粉、硼砂、滑石粉、痱子粉、薄荷油、萬金油、樟腦油或薰衣草精油等灑於螞蟻經常出沒處。

二、蟑螂

蟑螂屬於雜食性昆蟲，其食性與人類重疊，會進入到人類的居家環境，被稱為家棲性蟑螂。牠們繁殖力強，在人類家居棲身及覓食的同時，因長期生活在被人類汙染的環境中，導致牠們身上會攜帶一些細菌，因此蟑螂被普遍認為是害蟲。在臺灣，居家最常見的蟑螂，大的有體長約 30~50 mm 的美洲蟑螂；小的有體長約 10~15 mm 的德國蟑螂。美洲蟑螂性喜溫暖潮濕，常棲息於廚房、餐廳、潮濕之地下室或牆角之縫隙，也常出現於垃圾堆積處及排水溝，為臺灣一般住家中最多且最活躍之種類。德國蟑螂性喜溫暖潮濕之環境，如汙水排水溝、除油煙機的煙囪、爐具、水槽下或垃圾堆置場等處。蟑螂的天敵有壁虎、蜘蛛（最常見的為白額高腳蛛）、蠍子、蜈蚣、蚰蜒、螞蟻、蟾蜍、蜥蜴等；當居家環境中有發現以上所述之動物或昆蟲，表示家裡已經有很多蟑螂了。

➲ 防治方式

蟑螂之防治首重環境衛生！居家防治可以硼酸粉、麵粉與玉米粉混合製成毒餌誘殺蟑螂；如以 10%硼酸粉加 90%之細糖粉為誘餌，可有效防治德國蟑螂。市售的蟑螂餌劑，其藥劑主成分如安丹、亞特松或磺胺藥物等，皆具有防治效果。化學防治可考慮施用殘效性殺蟑劑；乳劑、粉劑和顆粒劑等，如 2%大利松、2%亞特松等。此外，殘效性殺蟲劑處理之後，可用除蟲菊類藥劑，對蟑螂隱身之空隙噴灑，將隱棲其內的蟑螂驅趕出來，增加其接觸藥劑之機會，而加速其中毒致死。

1-2 居家常見的飛行性害蟲

一、家蚊

庫列蚊別稱家蚊，是熱帶及亞熱帶地區常見的蚊子，也是社區、住家中常騷擾民眾的蚊蟲，屬於蚊科的一種吸血蚊子，包括熱帶家蚊、尖音家蚊及地下家蚊。熱帶家蚊常出沒於夏、秋季節，主要分布於居家、開放環境、排水道或化糞池。尖音家蚊全年皆活動，主要分布於居家、汙水坑、積水糞坑、積水窪地及沼澤等地區，是家中主要病媒蚊。地下家蚊全年皆活動；秋、冬季節更為活躍，主要分布於地下封閉環境，如地下室、下水道、雨水道等人為環境。

➲ 防治方式

防治方法可使用適合一般家庭用的除蟲菊精類噴霧劑或氣霧式殺蟲劑。在化糞池中孳生的孑孓，可於自家抽水馬桶中投入昆蟲生長調節劑或陶斯松，可同時達到防治蛾蚋的目的。

二、搖蚊

俗稱草蚊仔，不會吸血。在臺灣，搖蚊大量出現的時節約在每年的5~10 月份（夏季黃昏時）。環境水質惡化是搖蚊提前出現的原因之一。搖蚊對公共衛生的影響甚微，但搖蚊經常成群出現，故有時也會對人類造成滋擾，如搖蚊雄成蟲群舞現象造成交通事故，飛行中的搖蚊掉到眼睛內或鼻孔吸入造成過敏現象等。

➲ 防治方式

防治搖蚊的主要方法是清除其孳生地。防禦搖蚊成蟲的措施，如裝設防護網及小孔紗網等，均可阻擋搖蚊進入室內環境。若搖蚊數量成患，可在其棲息地點施用除蟲劑（例如除蟲菊酯）。殺蟲劑和殺幼蟲劑，如蘇力氏桿菌均是控制搖蚊幼蟲生長的較佳方法。

三、果蠅

俗名 Fruit fly 或 Vinegar fly，廣泛地存在於全球溫帶及熱帶氣候區，由於其主食為腐爛的水果，因此，在人類的棲息地內如果園、菜市場等地區內皆可見其蹤跡。在居家環境中果蠅常扮演騷擾性昆蟲的角色。常見的果蠅類包括：黑腹果蠅、東方果實蠅、瓜實蠅。黑腹果蠅通常出現在家居的垃圾或廚餘附近，具有喜好腐敗物質的特性，尤其是水果殘渣的發酵味道對其具有十分誘引性。

東方果實蠅，雌蟲白天產卵於成熟的寄主果實皮內，卵孵化後蛀食果肉而成長。幼蟲取食果肉，造成果肉腐爛而落果或使品質降低、外銷檢驗無法通關等。雌瓜實蠅成蟲通常在果樹花謝後即前來產卵，卵產於瓜類果實的皮下，受害之絲瓜、小黃瓜、扁蒲之幼果之表皮會有流膠的現象。東方果實蠅與瓜實蠅是臺灣最主要的瓜果類害蟲，每年造成臺灣重大的農業損失並嚴重影響農產品外銷。

➲ 防治方式

居家型果蠅防治可使用除蟲菊精類水性殺蟲劑，施放在廚房的水槽、垃圾桶或果蠅較多的地方，驅除果蠅的效果佳。戶外環境果蠅防治可使用 90%含毒甲基丁香油誘蟲燈或遮板，周年懸掛誘殺以降低族群。

四、蒼蠅

臺灣話稱為「雨神」，蒼蠅具騷擾性、傳播疾病及帶給人們負面的印象。居家環境中常見的種類包括：普通家蠅、大頭金蠅及紅尾肉蠅。

其發生與周遭環境有很大的關係，且通常受食物氣味吸引或受氣候影響，隨氣流經各類孔道入侵家裡。蒼蠅之嗅覺性尤其敏銳；為氣味發生後首先到達之害蟲，夏季亦可能為了躲避戶外的酷熱，由孳生地點轉而侵入室內避暑。

➲ 防治方式

蠅類常伴隨人類之生活，其活動及孳生與家居環境有著密切的關聯性，因此，家蠅類之防除工作，唯有改善環境衛生，亦即環境防除法；如減少垃圾廚餘等有機物（發酵物）存放於室內的時間，或施以密封的效果會較好，亦需做好門禁的管理，不讓外界的蒼蠅飛入。化學藥劑處理可使用浸藥之蠅帶，由於蠅類喜停留於稜線、木條、電線等上面，故利用此一習性，將藥劑浸於繩索上，作為誘殺成蠅的方法，可吊掛在動物房舍、雞舍、市場、商店等不宜噴灑藥劑之處所。

五、隱翅蟲

俗稱「青螞蟻」主要在每年的夏季出沒，在臺灣常見的為褐毒隱翅蟲，其成蟲與幼蟲可分泌毒素，使接觸者引起皮膚炎，已被列為是一種衛生害蟲。隱翅蟲成蟲喜潮濕，行動敏捷，活動範圍很廣，農田、雜草地、灌木叢都是其活動和覓食的場所。隱翅蟲成蟲白天多棲息在陰暗潮濕的地方，包括濕地、湖邊、池塘、水溝、雜草叢、石頭下、果園、水稻、玉米等作物田與樹林中等處，晝伏夜出，夜間喜群集繞著燈飛翔，夏、秋兩季最常見。

隱翅蟲並不會螫人，隱翅蟲在人皮膚上爬行時會從蟲體關節腔中分泌出體液（富含隱翅蟲素），當蟲體被打死、捻碎時，其體液（毒液）大量濺出，患者之手不慎沾到毒液再去碰觸皮膚，會將毒液散布開來而引起廣泛的病灶，促使皮膚病變，造成線狀的病灶（線狀皮膚炎）。

➲ 防治方式

目前對隱翅蟲只有防範之道，關鍵在於避免接觸，並沒有撲滅牠的好方法。預防措施，如以殺蟲劑（除蟲菊精類）塗刷紗門、紗窗、門縫、牆壁，可防治成蟲入侵室內。在隱翅蟲的發生、流行季節，體質特別敏感者，可於皮膚裸露部位塗抹或噴灑少量 DEET 或 KBR3023 等防蟲忌避劑。

1-3 居家常見的木類害蟲

一、家天牛

俗稱長角家天牛，有發達的咀嚼式口器，有一對強壯的大顎，全都是植食性昆蟲。臺灣早期的民眾住家以木造房屋及木建築較常見，所以在住家較容易發現天牛入侵，故稱為家天牛。家具嚴重受害時會導致木材承受力減低；容易折斷，造成經濟損失。家天牛被認定是房屋、家具、建築物的大害蟲。雌成蟲產卵於樹木莖幹或枯木中；幼蟲會蛀食各種闊葉樹的樹木纖維，包括家具和建築用材；幼蟲在木門框、床板、木櫃、屋樑上蛀食，形成不規則的坑道，內塞滿木粉，為害時發出 Zhi-a, zhi-a 的聲音。

➲ 防治方式

防治家天牛的方法包括；加強園林管理、運用天敵、人工捕殺、藥劑防治及家具維護。在臺灣，每年 5~7 月是天牛成蟲盛發期，成蟲一般停息在樹上，或低飛於林間時，可在此時進行檢查並捕殺成蟲。家具維護；可在蟲道內塞入大小的樟腦丸 2~4 小塊，或灌注 20%氨水或汽油；用滴管或廢舊醫用注射器除去金屬針頭滴注，於每一蛀道注入

10~20 mL。也可購買市面上販售的磷化鋁片劑(56%)應用於被家天牛幼蟲蛀食家具的蛀孔內；磷化鋁片劑吸水後會釋出的磷化氫氣體，對蛀道內天牛有劇毒的熏蒸作用。

二、木蠹蟲

又稱蛀木蟲或粉蠹蟲，其名稱源於被蛀蝕之木材會有圓形蟲孔，及排出如粉末般的排遺，一般稱為蛀蟲。蛀木蟲是各種鑽木甲蟲幼蟲的通稱，牠們常常把完好的竹、木組織破壞成細粉。常見的蛀木蟲種類有褐粉蠹蟲、常見家具蠹蟲及雙鉤異翅長蠹蟲。蛀木蟲經常匿藏於進口家具木材、木質品內。粉蠹蟲常危害裝飾用的板材、角材、夾板、木地板、及各種木製雕刻、家具等。很多人在家裡發現了木蠹蟲的蟲孔，都以為是被人為破壞而造成的圓孔，因為太圓了。等到圓孔數量越來越多，伴隨木蠹蟲粉末狀的排遺遽增，才驚覺到蟲蛀的問題。

蛀木蟲的成蟲白天躲藏在木材的洞穴或隙縫內，屬於夜行性，晚上會爬出洞穴飛往他處；成蟲具趨光性，所以會飛往有光的地方，飛行速度緩慢。蛀木蟲喜歡生活在陰暗、安靜的環境內，尤其害怕震動或被人碰觸，只要受到外來震動或碰觸，經常會裝死幾秒鐘後再逃離。在夜間，有時候會聽到木頭家具發出聲音？因為有蛀蟲！常見家具蠹蟲成蟲會以頭撞向木材去發出敲聲；目的是作同伴溝通及尋找伴侶。

➲ 防治方式

蛀木蟲一般只會在未作加工處理的木材上產卵，而一些已經上油漆、光漆或上蠟的木材則不易發生。因此，可以桐油、蟲膠漆、亮光漆或亮光油保護木材，將木材表面的裂縫和洞口填平以防止蛀木蟲產卵。化學處理受感染的木材，可採用針孔注射法；利用針筒將除蟲劑（合成除蟲菊類）注入被蛀穿的木製品內，此方法除能有效滅治害蟲同時又可減少除害劑用量。

1-4 廚房、浴室、廁所常見的害蟲

一、蛾蚋

又稱蠅蝶、排水管蠅、過濾槽蠅、排水溝蠅。在臺灣常見的品種為：白斑大蛾蚋及星斑蛾蚋，此二品種分布在全球最廣泛，屬於騷擾性害蟲。雌蛾蚋偏好將卵產於富有腐敗有機質的平面，例如過濾汙水所產生的淤泥中。幼蟲在淤泥中成長化蛹，至成蟲才離開。主要以居家環境中的腐敗有機質為食。蛾蚋的成蟲會從化糞池、化糞池人孔、汙水池、排水溝、水漕或浴廁下孔道湧出，確實為公共場所或住家帶來許多困擾。

➲ 防治方式

防治蛾蚋最根本的方法為環境的整頓，蛾蚋主要是孳生在各種積水環境之中，只要把容器積水倒掉、地板或水槽積水清除、室外的水溝維持暢通，就可以把蛾蚋的數量控制住。蛾蚋的飛行能力很差，使用電蚊拍就可以有效清除。盡量將環境保持乾燥整潔，就可以減少廁所蛾蚋的數量。廚房流理臺下方排水溝、浴室及廁所水管內蛾蚋幼蟲之徹底清除法，可將小蘇打粉倒入管線中，靜置 10 分鐘，接著倒入白醋，再等 2~3 小時，最後再於管線中倒入熱水，可達成驅除蛾蚋及清潔室內水管線的除異味效果。如果要長期保持排水孔沒有蛾蚋，可以到超市買罐水性殺蟲劑，用水稀釋後，打開排水孔深入噴灑一陣子，再蓋上，1 個小時後即可達到有效清除。

二、蚤蠅

俗稱 pina（臺語品那、頻仔），蚤蠅受到驚擾時，會有如跳蚤一般，突然跳起然後飛走，故名蚤蠅。其外型與果蠅相似，為小型的蠅類，部分種類無翅，較明顯的外部特徵為胸部背板隆起，故又名為駝背蠅。蚤蠅比果蠅略小，亦常在果蠅孳生處發生，但牠更喜歡腐化爛透的有機質，最常發生於臭水溝、廚房工作檯縫隙內之飲食物腐敗碎屑、汁液內，甚至於可以孳生於動物屍體、有機膠或有機漆料裡。當我們看見一隻小蠅，以手指輕觸，如小蠅迅速飛離，是為果蠅，如小蠅跳躍一下再飛走，則為蚤蠅。

➲ 防治方式

防治蚤蠅，可使用捕蚊燈或黏蠅紙，放置於垃圾桶、廚餘桶、食物櫃、廚房水槽下及浴室洗臉槽下等場所。化學防治方面，則建議施用水溶性的合成除蟲菊精類殺蟲劑，對人、畜的影響較小。

1-5 眼睛不易見到的害蟲

一、塵蟎

是一種 8 隻腳的微小的蛛形綱節肢動物。臺灣位於亞熱帶，海島型氣候終年溫暖潮濕，人口與住家密集，是塵蟎繁殖生長的理想環境。臺灣居家常見的過敏原以塵蟎最多，約占 90%以上，臺灣每年 7~8 月是塵蟎生長繁殖季節。室塵蟎常常與人類共處一室，原因是：(1)人類每天脫落的皮屑，是牠的食物來源；(2)人類身體的熱量，是最適合牠存活的溫度；(3)每天睡覺時會出汗且在呼吸中會帶有水氣，提供牠適宜的濕度。居家床墊、床鋪、棉被、枕頭、地毯、沙發、草蓆、榻榻米、窗簾、毛巾、衣物、布偶等都可能有塵蟎棲身。

➲ 防治方式

塵蟎防治概念以居家防治為首要，包括：(1)定期清掃居家環境；(2)寢具選用合成纖維、蠶絲製品，避免毛類製品；(3)使用有 HEPA 濾網的空氣清淨機、吸塵器；(4)若有養貓、狗等有毛的動物，要常幫牠們洗澡；(5)家中少使用填充絨毛娃娃，衣服要收拾整齊放入衣櫃內；(6)使用防蟎套包覆床墊。另外化學性防治方面，則可施用殺蟲劑殺蟎，以殺塵蟎洗劑清洗衣物寢具、窗簾等，或利用防蟎製劑噴於環境中。

二、恙蟎

俗稱恙蟲。恙蟎幼蟲為寄生性病媒，體型微小，體長約 0.2~0.3 mm，肉眼幾乎看不見，需要捕捉動物來採集。民眾常在立克次體、恙蟎與某些嚙齒類動物共同存在的環境下感染恙蟲病，感染機會與在流行地區的活動旅遊史相關。恙蟎只有幼蟎(Chigger)會叮咬溫血動物。在高溫、潮濕且雜草叢生處（如荒野、草地、山谷、田園等），野生小哺乳動物和恙蟎會共同形成流行島(Typhus island)，恙蟎喜歡停留於草叢中，伺機落入經過之動物或人類身上，因此行走於草叢中遭恙蟎叮咬而罹患恙蟲病的機會較高。

恙蟲病又稱為叢林型斑疹傷寒，是由立克次體 *Orientia tsutsugamushi* 所引起的疾病。臺灣全年皆有恙蟲病病例發生，流行季節主要為夏季；人類是經由帶有立克次體的恙蟎幼蟲叮咬而感染恙蟲病，恙蟎的動物宿主以鼠類為主。

➲ 防治方式

恙蟲防治首重個人防禦方法；包括穿長袖衣褲、靴子、手套等，若在高危險地區則最好穿著浸潤有殺恙蟎藥（Permethrin 或 Benzyl benzoate）的衣服及毛毯和施用防恙蟎劑(Deet; Diethyltoluamide)於衣服或皮膚表面，並每日沐浴換洗全部衣物；如發現手、足等部位有被咬的傷口，可塗抹含有抗生素物質的軟膏，減低發病。可在住宅附近，道路兩旁以及田埂等人群接觸頻繁的草地剷除雜草。如情況容許，可用焚燒法減低恙蟎密度。

三、人疥蟎

人疥蟎屬蛛形綱，是一種永久性寄生蟎類，屬於世界性分布。寄生於人體的疥蟎為人疥蟎；是一類永久性的皮內寄生蟲，可引起頑固的皮膚病；疥瘡。疥蟎除寄生於人體外，還可寄生於哺乳動物，如牛、馬、駱駝、羊、犬和兔等的軀體上。疥蟎成蟲體近圓形或橢圓形，體軀不分節，背面隆起，乳白或淺黃色，體長約 0.2~0.3 mm，肉眼幾乎看不見。

人和哺乳動物的皮膚表皮層內就是疥蟎的生活環境。疥蟎寄生在人體皮膚表皮角質層間，嚙食角質組織，並以其螯肢和足跗節末端的爪，在皮下開鑿一條與體表平行而紆曲的隧道，雌蟲就在此隧道產卵。疥瘡，俗稱「癩」，流行廣泛，遍及世界各地。一般疥瘡患者身上之疥蟎數目不超過 15 隻。疥蟎感染方式主要是通過直接接觸，如與患者握手、同床睡眠等，特別是在夜間睡眠時，疥蟎在宿主皮膚上爬行和交配，傳播機會更多。公共浴室的休息室、更衣間是重要的社會傳播場所。

➲ 治療方式

治療疥瘡的常用藥物包括：10%硫磺軟膏、10%苯甲酸苄酯搽劑、1%DDT 霜劑、1%丙體 666 霜劑、複方敵百蟲霜劑、10%優力膚霜、伊維菌素等。患者的衣服需煮沸或蒸氣消毒處理，或撒上林丹(Lindane)粉劑。

1-6 書籍衣服的害蟲

一、書蝨

學名稱為囓蟲，此蟲遍布世界各地。牠們常無聲息地隱藏在家中布滿塵埃的角落裡，其貌不揚、體型很小（約 1.0~2.0 mm），行動速度快。書蝨會為害各類儲藏物，在其繁盛時期為害尤為嚴重，常可發現於家具或牆角，有時會跳躍；又稱跳蟲。書蝨體型細小、扁平，呈白色、淡黃或灰色，通常都沒有翅膀，以黴菌及真菌為主食，有時會為害皮毛織物、標本及書本。

書蝨與人類的生活有著密切的關係；在居家環境中很常見，通常大量出現在潮濕、黑暗的角落，如牆壁、床板、廁所等。食用黴菌、穀物、麵粉、藥材、糖等各種食物，同時也會損壞羊毛織品、標本甚至書籍。臺灣的夏季濕熱，書蝨容易大發生；包括居家環境、社區校園、餐飲場所、企業工廠、食品工廠等。

➲ 防治方式

安全防治方法可使用吸塵器清潔居家死角、食物碎屑、以 ULV（超低容量）噴霧機噴灑合成除蟲菊精殺蟲劑、或用 2%福馬林混合煤油劑，噴灑於發霉的牆壁、陰暗潮濕的角落可殺黴菌。在居家的書櫃、家具床板、牆角或廁所置放乾燥劑、矽膠、萘丸亦有防治之功效。

二、衣魚

衣魚是一種很古老的昆蟲，俗稱蠹、蠹魚、白魚、壁魚、書蟲或衣蟲是一種靈巧、怕光、而且無翅的昆蟲，身體呈銀灰色，因此也有白魚的稱號，嗜食糖類及澱粉等碳水化合物。在臺灣，室內較常見的衣魚

(Silverfish)有三個品種，包括臺灣衣魚、斑衣魚及絨毛衣魚。平時家裡的衣物、書本都可能受衣魚啃食；若擺放多時的紙張，邊緣出現了不規則的缺口、孔洞，即有可能是衣魚所造成的。衣魚啃食過的地方，周圍也常留下黑色，細小如沙粒般的糞便。因其取食偏好，衣魚也會破壞博物館、圖書館中的文物或文件資料，是典型的居家害蟲。

➲ 防治方式

防治衣魚可使用混合比例為 1：1 的硼砂和砂糖，能有效殺除衣魚。噴灑氯化銨水，此氣味能於 24 小時內驅趕衣魚。放置樟腦丸、萘丸可以讓衣魚不敢靠近。

三、衣蛾

衣蛾的幼蟲有攜巢生活的習性，牠們英文名——Casemaking clothes moths，就是指會造巢的衣蛾。衣蛾幼蟲是一個小型白色的毛毛蟲，藏在一個絲質的袋狀物或網狀物（筒巢）內，在牆壁上可見到一個黏著水泥的紡錘形絲袋，內有一深褐色頭的幼蟲。成蟲為淺黃色的蟲，懼光。在臺灣，居家環境中常見的衣蛾種類有袋衣蛾及衣蛾（俗稱瓜子蟲）二種。衣蛾的成蟲將卵產在皮毛、羽毛、皮品、毛或汙穢的絲綢上。幼蟲會吐絲作繭，兩端開口供取食及行動。化蛹時，則會吐絲將筒巢懸掛在牆上或天花板上；化蛹時仍在繭中，直到成蟲羽化為止。因此，牆壁、天花板、樓梯等處，較陰暗潮濕的角落，常可見到衣蛾的筒巢靜靜地固定在牆面，無特定出現時間。大樓地下室、儲藏間，衣蛾數量比居家內還多；衣蛾筒巢常出現在蜘蛛網附近。

➲防治方式

防治衣蛾可使用陶斯松(0.5% Chlopyrifos)或大利松(0.5% Diazinon)等噴灑衣櫃。衣物可在陽光下暴曬或紫外線消毒，經處理後將衣服放回，衣櫃要關緊，在上層放一些樟腦丸或奈丸等忌避劑。勿把有沾到汙泥、汗味的衣服放入衣櫥，易吸引衣蛾。

1-7 戶外的害蟲

一、虎頭蜂

胡蜂(Vespa)又稱虎頭蜂，胡蜂在臺灣以及中國南方的一些地區俗稱虎頭蜂，以其外形及大顎而得名，是一種具有危險性的昆蟲，通常虎頭蜂會攻擊巨大的生物。臺灣常見螫人的蜂類為胡蜂（俗稱黃蜂）及蜜蜂（義大利蜂及中國蜂；野生蜜蜂）。虎頭蜂具有的共同特徵，包括頭部的比例極大、嘴部大顎強而有力，腹部末端的螫針和毒腺相連，蜂毒是由許多胺基酸組成之毒蛋白，會使人出現中毒現象，如紅腫、奇癢、刺痛、灼熱等過敏現象，嚴重時引起患者休克死亡。

在臺灣，常見的虎頭蜂種類，如黑絨虎頭蜂、中華大虎頭蜂、黃跗虎頭蜂、姬虎頭蜂…等。在臺灣，每年 4~7 月為胡蜂越冬後新蜂王的築巢期。胡蜂的食性為雜食性，除了吸食花蜜，也吸植物的汁液、熟透或腐爛的水果、果皮汁液，連小毛毛蟲或是其他小型昆蟲牠也會吃，因此，胡蜂又被稱為「肉食性昆蟲」。虎頭蜂的活動範圍都是在平地至大約 1,500 公尺山地以下，築巢一般在樹枝、地窟內，小的巢有數千隻，大者多達兩萬餘隻蜂。野外活動時，如果發現有虎頭蜂圍繞林邊飛翔，一定有蜂巢，不可前進，建議趕快繞行走回。

➲ 防治方式

虎頭蜂之防治包括：垃圾管理、毀壞蜂窩、毒餌毀巢、陷阱誘捕、生物防治及誘殺蜂王等方法。最好的方法為通報該縣市消防隊 119 進行處理。

二、馬陸

馬陸屬於倍足綱、多足亞門，多數的體節都有兩對足，因而得到「倍足」之名，又稱為千足蟲。牠們多數生活於森林、都會區公園、公園樹林間、居家花園、菜園等底層的枯枝落葉堆中，僅有某些種類常在居家環境周遭活動，例如磚紅厚甲馬陸、粗直形馬陸、姬馬陸、擬旋刺馬陸等。馬陸以腐爛的草根、落葉為食，少數為掠食性或食腐肉，多食腐植質，有時也損害農作物。

馬陸之身體由頭部及軀幹部所組成，呈長圓環形或扁背形，體長 1.5~12 cm 不等。體色因種類之不同而異，有紅褐色、黑色、橘黃色、淡黃色或黑色具有淺色斑等。馬陸腹部有 9~100 體節或更多，每一腹節上具有兩對足，因其肢體較短，僅能以足推進行走而無法快速運動。當馬陸受到驚擾或碰觸時，其長形之身軀即捲曲成似同心圓環狀，或迅速鑽入土內或落葉下。馬陸並不會主動攻擊人畜，亦不具毒腺。某些種類具有防禦腺或黏液腺，牠的分泌物對某些動物屬有毒物質，具有防禦敵害之作用；此類刺激性之混合物（很臭的黃色液體），具有腐蝕性，若觸及皮膚會造成刺激腫脹，引起水泡性皮膚炎；眼睛或口之接觸可能造成嚴重發炎，因此最好不要直接用手碰觸，以防萬一。

➲ 防治方式

馬陸防除之道首應清除孳生源，包括整理草地，清除地面腐爛植物或田園雜草堆；可於建築物外圍撒放生石灰，改變蟲害孳生環境；也可於建築物四周，實施帶狀之殺蟲劑（合成除蟲菊精類）噴灑處理，徹底將表土噴濕以確保藥效。家屋周圍較乾燥之處所亦可撒布粉劑；若室內有必要作藥劑處理時，尤應注意潮濕之隱蔽處如洗衣機下、浴室內、汙水坑附近等。

三、姬緣蝽象

姬緣蝽象屬於半翅目，別名紅姬緣蝽象、無患子蝽象、倒地鈴紅蝽、臭屁蟲等。姬緣蝽象具有家族性行為，若蟲會群集一起，利用呼吸新陳代謝所散發的微弱熱能，來相互取暖，屬晝行性昆蟲。寄主主要為無患子科的植物；大紅姬緣蝽象主要吸食臺灣欒樹、龍眼、椰子等多種高大的樹木。在臺灣，即使在冬季，仍有機會看到姬緣蝽象。姬緣蝽科體長 12~16 mm，具刺吸式口器，植食性及雜食性。近年來，臺灣的氣候因暖冬影響，紅姬緣蝽象大量繁殖，密密麻麻堆疊在一起，為紅姬緣蝽象禦敵的方法；群聚在一起可減少被攻擊的機會，一大片紅色對其天敵具有威嚇作用。

紅姬緣蝽象外表驚人，常被誤會為有毒蟲類，但牠無攻擊性、無毒，且是生態系的一環，為免破壞生態、汙染環境，並不需噴藥撲殺。紅姬緣蝽象出現時是觀察昆蟲的好時機，此時天空燕子明顯增多，赤腰燕、小雨燕、家燕、白頭翁、伯勞鳥、綠繡眼、麻雀等都是牠們的天敵。

1-8 外來入侵害蟲

一、秋行軍蟲

草地貪夜蛾屬鱗翅目，夜蛾科，俗名「秋行軍蟲」。草地貪夜蛾成蟲翅展約 32~40 mm。雄蛾典型特徵為前翅頂端具有黃褐色環形紋，頂角具白色斑，翅基部有一黑色斑紋，後翅也是白色，後緣有一灰色條帶。雌蛾典型特徵為前翅具有灰褐色環形紋和腎形紋，輪廓線為黃褐色，各橫線明顯；後翅白色，外緣有灰色條帶。草地貪夜蛾的幼蟲有 6 個蟲齡，形態皆略有差異，一齡幼蟲長約 1.7 mm，六齡幼蟲長約 34 mm。

草地貪夜蛾原產於美洲熱帶地區，具有很強的遷徙能力；成蟲可在幾百米的高空中藉助風力進行遠距離定向遷飛，每晚可飛行 100 km。臺灣已有 15 個縣市（包括離島的澎湖、金門與馬祖）確認出現草地貪夜蛾幼蟲。目前秋行軍蟲已成為禾本科、菊科、十字花科等多種農作物的重要害蟲。

➲ 防治方式

防治草地貪夜蛾要針對其生長的不同階段進行；在成蟲階段，可以用殺蟲燈或性誘劑進行誘殺。在幼蟲階段，可以利用生物農藥或化學農藥進行防治。在卵期，可使用具有殺卵作用的化學農藥進行防治。化學藥劑防治；目前依非洲對秋行軍蟲之防治推薦用藥，多數使用如賽滅寧、賽洛寧、益達胺等中低毒性之農藥。

二、荔枝蝽象

荔枝蝽象屬半翅目，是一類體形較大的昆蟲。成蟲體長 24 mm，頭小，褐色艷麗，有光澤，俗稱石背、臭屁蟲，屬於農業害蟲。荔枝蝽象原產自中國南方、東南亞及南亞，臺灣於 1999 年首度在金門紀錄到荔枝蝽象的入侵，2011 年開始蔓延到臺灣並對作物造成嚴重危害；由高雄一路影響到全國荔枝、龍眼產區。荔枝蝽象多數出現於無患子科的龍眼樹、荔枝、臺灣欒樹等多種植物寄主。

荔枝蝽象具有發達的臭腺，在遭受天敵攻擊或驅離敵人時，會分泌具有強烈臭味及刺激的體液來自衛，因此也常常被稱作「臭屁蟲」。許多果農在採收水果時，包括脖子、胸部和手臂都被牠尾部噴出的「臭液」噴到，出現腐蝕性的傷口，有人因未妥善治療演變成蜂窩性組織炎，讓農民聞之色變。荔枝蝽象係屬半翅目的昆蟲，市售的防蚊液（如敵避等）沒有驅蟲效果。

➲ 防治方式

目前防治方式有化學和生物防治兩種方式，其中化學的農藥防治，在若蟲階段防治效果較佳，建議在果樹開花前，先噴灑陶斯松、賽洛寧等低毒性的農藥防治，等到開花期後數量沒減少再視情況噴藥，並建議農民可在果樹基部塗抹黏膠物質，避免掉落地面的若蟲爬回樹上危害。荔枝蝽象的寄生性天敵如平腹小蜂，捕食性天敵如蜘蛛、螞蟻、鳥類等。

三、紅火蟻

紅火蟻屬名 Solenopsis 來自古希臘語，意思是「臉」或「容貌」，紅火蟻種小名 Invicta 源自於拉丁文，意思是「無敵的」、「未被征服的」。在臺灣，紅火蟻是一新入侵物種；稱為入侵紅火蟻(RIFA)。過去亞洲地區並無入侵紅火蟻的發生報告，目前臺灣之紀錄中只有 3 種火蟻屬(Solenopsis)的螞蟻發生。臺灣行政院農業委員會林務局及中華民國自然生態保育協會將其列為十大外來入侵物種之一。入侵紅火蟻為地棲型，成熟蟻巢會將土壤堆高形成突出地表約 10~30 公分，直徑約 30~50 公分的小丘形蟻塚，新形成的蟻巢約在 4~9 個月後出現小蟻塚。明顯隆起的蟻塚，是快速認定入侵紅火蟻的方法之一。

臺灣地區目前發生紅火蟻之地點，包括新北市林口區、桃園區六區（桃園區、蘆竹區、大溪區、龜山區、八德區、大園區）及嘉義縣水上鄉等地，危害區域有農業區，例如：水稻田、蔬菜園等約占六成，及非農業區，例如：公園綠地、行道樹、學校操場綠地等約占四成。入侵紅火蟻在蟻巢受到外力干擾時會具有成群湧出及強烈的攻擊性，且由於大蟻巢中火蟻數量可達 20~50 萬隻。

➲ 防治方式

紅火蟻驅除法，如沸水處理、清潔液淹沒、直噴火燒、漂白水噴灑及灑餌中毒法等。最好的方法為通知紅火蟻防治中心(0800-095-590)，若有疑似入侵紅火蟻的蟻類需確認，可拍照並 E-mail 寄至防治中心 nrifacc@ntu.edu.tw。

1-9 居家非昆蟲——害蟲的天敵

一、蜘蛛

蜘蛛屬於節肢動物門，螯肢亞門，蛛形綱，有兩個體段（頭胸部和腹部），8 條腿，8 個單眼，沒有咀嚼器官，分布全世界。所有的蜘蛛都可以注入毒液來保護自己或殺死獵物。蜘蛛大多是以肉食為主的掠食者，是陸地生態系統中最豐富的捕食性天敵，在維持農林生態系統穩定中的作用不容忽視。蜘蛛擁有比蜻蜓高準確十倍的視力，其擁有全節肢動物類最集中的神經系統。蜘蛛的腳沒有伸肌，而是靠液壓來伸展牠們的腳，其口器旁有二隻短短的觸肢，相當於昆蟲的觸角，有觸覺、嗅覺和聽覺的功能。

蜘蛛以其生活及捕食方式可以大致分成結網性蜘蛛及徘徊性蜘蛛：

1. 結網性蜘蛛的腹部擁有絲囊的附屬肢，可以從腹部的腺體擠出多達六種絲。蜘蛛通過絲囊尖端的突起分泌黏液，這種黏液一遇空氣即可凝成很細的絲。絲網具有高度的黏性，是蜘蛛的主要捕食手段。對黏上網的昆蟲，蜘蛛會先對獵物注入棗消化酶；使昆蟲昏迷、抽搐、至死亡，並使肌體發生液化，蜘蛛再以吮吸的方式進食。
2. 徘徊性蜘蛛則不會結網，而是四處遊走或者就地偽裝來捕食獵物，如白額高腳蛛，即臺灣俗稱的旯犽，以蟑螂為食物。蟹蛛（花蜘蛛），會以花瓣、花蕊的顏色擬態，待昆蟲接近即捕食之。蠅虎、跳蛛，視力很發達；一般通過視力（30 cm 內）發現獵物並使用各種方式捕食；主要捕食蒼蠅。

➲ 防治方式

以現代害蟲管理的觀念，居家主要關心的是蜘蛛的數量，如果數量未達必需控管的標準，就無防治必要。大多數的蜘蛛會在人類家中織網，這些網會捕食到對人類有害的昆蟲，甚至特別愛捕食剛吸過血的雌蚊。徘徊性蜘蛛會在室內較陰暗、潮濕處捕食害蟲，如蟑螂、蒼蠅等。防止蜘蛛入侵室內的方法，可使用市售的薄荷、薰衣草、茶樹或是柑橘類等精油，用作蜘蛛的驅避劑。

二、蜈蚣

蜈蚣屬節肢動物門唇足綱之種類，俗稱百足蟲。蜈蚣多生活於戶外潮濕陰暗處，雖為非吸血性的類型，當牠們在住家內、外活動時，常會造成騷擾，甚至引起部分民眾之惶恐不安與情緒緊張。即使是無毒的蜈蚣仍經常驚嚇到人，因為牠們移動時同時動用大量的腳，而且牠們傾向於從黑暗中竄出，衝向人們的腳邊。如果民眾對蜈蚣缺乏正確的認知，容易產生莫名的恐懼(Unknownymous fear)而導致心裡的陰影。

蜈蚣每一體節具有一對足，都只有奇數對的腳，節數範圍從 15~181 節；如蚰蜒目具有 15 體節，石蜈蚣目具有 15 體節，蜈蚣目具有 21 或 23 體節，地蜈蚣目具有 31~181 體節。絕無偶數。蜈蚣是掠食性動物，且適應了獵捕多樣的生物。蜈蚣在生態上扮演著較高級消費者的地位，為肉食性；主要以昆蟲及其他節肢動物為食，如：蚯蚓、白蟻、蜘蛛、蟑螂、蛞蝓，甚至藏在地底的幼蟲。就整體而言，牠對人類是有益的。蜈蚣通常不會主動攻擊人，中小型蜈蚣的毒鉤小，毒液量少，不會對人的安全造成威脅。至於大型的蜈蚣，其毒液也沒有致命的危險。

➲ 防治方式

居家環境如果室內採光度低、通風不良、居家濕氣較重或有小蟲子（如蚯蚓、白蟻、蜘蛛、蟑螂、蠹斯、蟋蟀、蚱蜢、蛞蝓等）入侵，皆是導引蜈蚣進入家裡覓食的因素。施用合成除蟲菊類藥劑，擴大噴灑於發現蜈蚣的地點，及其逃竄之路徑，可提供立即防治之效。

三、蚰蜒

鞘蚰蜒屬於節肢動物門唇足綱。俗稱蚰蜒，別名草鞋蟲、錢串子。鞘蚰蜒常見於人類居住環境中，也常在戶外大石頭下、石縫、木材堆、植物縫隙中發現。蚰蜒體長約 2.5~6.0 cm，外形長得像蜈蚣，身體具硬殼呈黃灰色或深褐色，背部具三條黃色縱向條紋縱貫全身，具 15 對步足，很長且脆弱；後肢比前肢長，步足也有深色的條紋。

蚰蜒屬於夜行性生物，喜歡濕冷的環境。能以極快的速度在牆壁、天花板和地面移動，速度每秒可前進 42 cm。蚰蜒為肉食性，主要捕捉小型節肢動物為食；如蜘蛛、臭蟲、白蟻、蟑螂、蠹魚、螞蟻和其他居家節肢動物，牠用毒牙將毒液注入牠們的體內，將之殺死。雖然蚰蜒被認為是一種益蟲，但是牠們具令人不安的外表、驚人的爬行速度與被叮咬時會疼痛，因此很少人願意與牠們同居一室。蚰蜒不會主動襲擊人類，相反還非常懼怕人，如果用手觸摸，牠會迅速逃離。

➲防治方式

防治蚰蜒入侵室內，可以在牆面塗刷殺蟲塗料；化學藥劑殘留具有毒殺和忌避作用。也可在室內陰暗、潮濕處噴灑敵百蟲粉劑、滅害靈等環境衛生用藥。

四、壁虎

壁虎屬於爬蟲綱，守宮科，俗稱守宮或蜥虎。壁虎為蟲食性，主要以昆蟲和其他節肢動物為食，是害蟲的天敵，可以作為居家及環境有害生物之生物防治。壁虎大多屬於夜行性，大都能發出叫聲，其聲音從輕小的聲音到極大的吼叫聲都有，如分布於臺灣中、南部的蝎虎，牠能由喉部發出之響亮叫聲（大聲是 Ar-gee-gee-gee-gee，小聲是 Ar-chu-chu-chu-chu），很容易引人注意。臺灣北部常見的無疣蝎虎，較無法發出明顯的叫聲。因此，使得許多民眾產生了「北部的壁虎不會叫，南部壁虎會叫」的錯覺。壁虎是所有蜥蜴種類中最能發出聲音和使用叫聲來表達的蜥蜴。壁虎的眼睛通常很大，其瞳孔為垂直型與貓眼類似，多數無活動眼瞼，且常吐舌用以舔眼，遇有敵人或干擾時，容易斷尾逃脫，尾巴再生力強。

雌壁虎的生殖方式為卵生，每次均產兩顆蛋。由於夜間照明燈光誘來許多搖蚊、家蚊、蠅蚋等飛蟲，甚或爬蟲，壁虎即在此燈光底下守株待兔，伺機捕食；壁虎捕食飛蟲時，在牆角甚或在牆壁上，留下許多糞粒，不易清除；尤其是在潔白的牆上留下汙跡，非常不雅，欲除之而後快。居家之所以有壁虎，是因有小蟲引其來捕食，所以要有效驅逐壁虎，應保持居家整潔，防治蚊、蠅等各種小蟲，沒有小蟲，壁虎自然不會再來。

➲ 防治方式

在家中防治或驅除壁虎的方法，如使用漂白水加水稀釋擦拭牆壁、門框、地板，能阻隔壁虎進入屋內，也可在屋外、室內每一個小角落和隱蔽處放置樟腦丸；樟腦丸的味道能驅走壁虎。

1-10 殺蟲劑正確的使用方法

眾所周知，在家裡進行除蟲的時候，一般都會使用藥劑噴灑，殺蟲劑是我們再熟悉不過的了。以蟑螂為例；偶而發現家裡有蟑螂的時候就會噴殺蟲劑（常常是害怕或討厭的程度，和噴灑殺蟲劑的劑量成正比），然後關好房門出去溜達一圈，回到家的時候就會發現很多隻蟑螂四腳朝天，此時，以掃把掃起，將牠們倒到馬桶沖掉，頓時覺得怡然暢快！這是家裡的簡單殺蟲方法。

以居家環境安全和個人呼吸道健康的觀念，殺蟲藥劑是不能隨便噴灑的，除了要掌握噴灑劑量，還要噴灑到正確位置。建議噴藥宜在晚飯後進行，因為蟑螂都是在黃昏後開始活動，晚間滅蟲能提高殺蟲效果。噴藥時先關閉門、窗、風扇和排風扇，噴藥後密閉 1 小時，以防藥物隨風流失和蟑螂逃竄。櫥櫃門應該打開，開取出桌子的抽屜，以便對內噴藥。噴藥開始時，應先在門、窗以及其他通道口噴灑，注意居家環境中的裂縫、洞穴和角落等；可能是害蟲棲息處，以細管狀噴頭進行足量噴灑。切忌先對這些棲息場所直接噴射，這樣會將害蟲驅趕到沒有藥物的地方得以倖存。觸殺爬行害蟲，藥劑噴灑的重點應是其經常活動的表面，以便牠們爬過藥劑區而接觸身亡，對於確認沒有發現害蟲的地方，不必噴藥。此外，噴藥前，應注意將食品、食具等搬出，以防汙染。

在使用殺蟲劑前，如果能對該有效主成分的理化特性諸如：在水中之分解情形，在酸鹼不同環境下之分解狀況，對光之敏感性（光分解性），對高、低溫之安定分布及對目標生物之生理毒性機制等，有關資料如能掌握愈多，愈有助於使用者發揮此殺蟲劑之功效。根據行政院環境保護署刊行之「環境衛生用藥手冊」所載，環境衛生用藥所含之成分包括：有機磷酸類殺蟲劑、合成菊酯類殺蟲劑、氨基甲酸鹽類殺蟲劑、協力劑、忌避劑、昆蟲生長調節劑、殺鼠劑及殺菌劑等。

以殺蟲劑之防治對象而言可分為殺爬蟲劑（防治蟑螂、蚤之幼蟲、蜱、蜈蚣等之爬行蟲），殺飛蟲劑（防治蚊、蠅、小黑蚊等）。雖然使用之主成分有所類似或不同，但防治時應用之對策則差異甚大（如殘效觸殺法、驅逐、擊昏等），因之主成分、劑型、器材、施用方法及主成分安全含量都要按照標示使能有效防治，並避免製劑不當汙染環境。環境衛生用藥必須取行政院環保署登記證方得上市販賣，故購買時必須注意是否具登記字號、安全資料及藥效資料。使用環境衛生用藥（殺蟲劑、殺蟎劑、殺鼠劑、殺菌劑等），其意義為在環境控管及物理性防治之不足時，或針對突發性蟲害可採定期性、經常性或臨時性之化學性防治方式來處理及補強。切勿經常性使用，以免造成藥劑殘留環境中會對人、畜造成慢性中毒，及促使害蟲對殺蟲劑產生抗藥性。

MEMO

CHAPTER 02

居家常見的爬行性害蟲

本章大綱

前言

根據環保署的統計，螞蟻是僅次於蚊子、蟑螂，令民眾備感困擾的居家害蟲。螞蟻對家居的危害常被人們忽視，經調查室內螞蟻主要有小黃家蟻、中華單家蟻、狂蟻、黑頭慌蟻和黑棘蟻…等約有 9 種，常築巢於居家的牆角、牆縫和路邊，危害方式主要為竊取食物、叮咬及傳播細菌。螞蟻屬膜翅目，是居家最常見的騷擾性蟲害；屬雜食性的牠，喜愛甜食，易被食物給吸引。

另一種居家常見的爬行性害蟲就是蟑螂，大多數的人認為蟑螂是相當骯髒的昆蟲，其實蟑螂是非常喜愛乾淨的昆蟲，牠常利用前腳與口器來清潔牠的身體，只不過牠為了躲避人類的騷擾及取食的方便，髒亂的地方即成為牠的主要活動場所（如汙水池、水溝、垃圾堆、排水管等)。也因如此致使牠身上及腳上的毛刺沾染了許多細菌，成為衛生上的重要病源媒介。除此之外，人們最厭惡蟑螂的原因是，牠的外表相當醜陋且六隻腳更是長滿毛刺，令人作嘔。螞蟻和蟑螂皆屬於雜食性昆蟲，當螞蟻群遇到落單的蟑螂或蟑螂屍體，螞蟻群會攻擊蟑螂，肢解其屍體，將屍塊搬回巢穴食用。

2-1 螞蟻的生態習性及防治

螞蟻，古代又稱馬蟻或馬螘，是一種具社會性生活習性的昆蟲，屬於膜翅目。螞蟻為蟻科(Formicidae)昆蟲，屬群聚性的昆蟲，體積小(2~3 mm)、繁殖力強且極易溢散，很容易伴隨貨品貿易入侵至其它領地。臺灣蟻科中有 8 個亞科、27 族、64 屬，共 201 種螞蟻被命名，但其中仍有 13 種是以亞種地位存在，臺灣螞蟻相的組成應以世界性與熱帶區系分布為主。在臺灣目前所發現約 270 種螞蟻中，有一些種類的螞蟻在外型、族群數量、生態習性與入侵紅火蟻極為相似。

一、特徵

臺灣常見的蟻類約有 9 種，茲介紹如下：

(一) 小黃家蟻(*Monomorium pharaonis*)

又稱家姬蟻或法老蟻（圖 2-1），為居家最常見的小形螞蟻，其原產地埃及，隨著工商運輸工具，遍布世界各地，成為世界性室內螞蟻。工蟻體長 1.5~3.0 mm，體淺黃褐色，觸角末端具三節棍棒狀，胸部與腹部之間之前伸腹節二節。小黃家蟻屬於多蟻后的群落結構，可發展成上萬隻個體以上的群落，蟻巢內常可發現數十隻或上百隻的蟻后。

圖 2-1 小黃家蟻

小黃家蟻不僅令人感到厭煩，更是一種有害的蟻類，它們不但竊食人類的食物，更且肆無忌憚的，具有侵入任何物品的本能。此蟻喜食甜食，諸如糖漿、蜜糖、果汁、果醬、糕點、餅乾、果凍、蜜餞、油脂，乃至於潤滑油、鞋油、浴室海綿、以及剛死的蟑螂屍體。小黃家蟻能捕食多種的昆蟲，諸如臭蟲、蟲蛆。但它們有時也會侵犯在醫院裡的小孩，為醫院管理之一大害蟲。

小黃家蟻常會爬到人類傷口上，由接觸感染傳播病源體，為醫院內感染之重要感染源。小黃家蟻亦常常爬到人體身上，尤其是糖尿病患者，或身上的衣服沾到甜食，或運動、工作後臭汗淋漓者。爬到人體上的螞蟻，常令人感到不快，有的搔癢過敏。小黃家蟻性好電磁波，常鑽進電器設備內，為電器害蟲。小黃家蟻的危害在臺灣南部比北部嚴重。

小黃家蟻的窩巢，幾乎可以在任何隔離的地點發現，諸如地板下或牆壁間、踢腳板之後，或一些舊箱盒、破皮箱等廢棄物之間、或草坪內、或緊鄰門外的花園步道下。在夏天，有翅的雌、雄蟻自蟻巢飛出，行空中婚禮後，開始交尾，雄蟻不久即死亡，雌蟻則咬去其翅膀，即開始其建立族群的艱巨任務。她產下蟻卵，並親自照顧這些第一孵的卵，直至幼蟲、化蛹、成蟲。其後，則由第一代的工蟻，負責養育後代子孫，而使棲群壯大，擴充窩巢、尋找食物、防禦外侮。

（二）中華單家蟻(*Monomorium chinense*)

與小黃家蟻同為臺灣家屋中常見的螞蟻，體型較小黃家蟻小；蟻后約 5 mm、工蟻約 2 mm、雄蟻約 3 mm，屬於迷你型蟻（圖 2-2）。體色黑褐色，腹部末端微尖。本屬的蟻種屬於多蟻后型態，且蟻后腹部大，產量也大，屬於輕危害性之家屋螞蟻。中華單家蟻常見單后，群落規模也相對的較小。中華單家蟻工蟻行動速度較慢，常見於屋外的草地與樹林地等環境，攻擊力弱。

圖 2-2　中華單家蟻

中華單家蟻為雜食性，通常發現於戶外，因覓食進入家中環境。在家屋中喜歡築巢於建築物隙縫，例如牆壁裂縫或地板空隙等地方。屬於定居型的家屋螞蟻，在家屋中雖屬騷擾性種類且活動力較慢，但常有叮咬人們或寵物的情況發生。

（三）臭巨山蟻(*Camponotus habereri*)

屬於蟻科、山蟻亞科、巨山蟻屬大型螞蟻，體長 7.0~16 mm，頭胸褐色，工蟻腹背有 2~3 條黑色的橫帶，各腳黑褐色細長，工蟻體長約 7.0~10 mm，身體瘦長，頭胸部褐色，頭卵圓形，後緣平順，頭頂著生稀疏的短毛，觸角 12 節，沒有明顯的錘節，複眼很大，中胸背板光滑，無後胸背板溝，後胸背板縫明顯，不具腹柄，腹錘黃色，背部有 2~3 條黑色的橫帶，螫針退化，具蟻酸腺孔，各腳黑褐色細長（圖 2-3）。兵蟻體長約 10~11 mm，較工蟻稍大，頭部碩壯，大顎較大發達，生性機警。成熟蟻巢多由 1 隻具生殖能力的蟻后及近千隻的職蟻組成，蟻后身體肥大，體長約 15~16 mm。

圖 2-3 臭巨山蟻

巨山蟻屬有 18 種之多，外觀近似臺灣巨蟻但本種體型較大，普遍分布於低海拔山區，常見於樹幹、岩石、牆角築洞棲息，也會在都市邊緣的林下、行道樹，牆角或樹幹上築洞為巢。屬雜食性，以植物滲出的汁液和蚜蟲的蜜露為食，也會吃昆蟲的腐屍。一般白天單獨行動，夜晚則具規律性的群聚活動，行動迅速，遇到騷擾會螫咬、噴蟻酸攻擊對方，全年可見，4~9 月為繁殖期，數量很多，為臺灣特有種。

（四）熱帶大頭蟻(*Pheidole megacephala*)

體長約 3.5~4.0 mm，赤褐色，腹末顏色較深，觸角 12 節，其端部棍棒節有三節，頭部特大，且長大於寬。後胸背板有刺，前伸腹節二節，第一節鱗片狀，上緣橫形，第二節寬為長的二倍（圖 2-4）。喜築巢於室內或房子周圍，分布於溫暖而較乾燥的地區。

熱帶大頭家蟻為臺灣家蟻中出現頻率較低的種類，個體較大且行動快速，群落中常可發現明顯大型兵蟻階級。在鑑定上容易與其他家屋螞蟻做區分。屬於侵入型的家屋螞蟻，較不易在屋內發現蟻巢。此種類多築巢於庭院石塊、樹根及土壤中，也常在草原或樹林中發現其蹤跡。熱帶大頭家蟻會以石塊堆積出明顯的蟻道，此蟻道常被發現在家屋的牆角邊。為多蟻后型群落結構，蟻后多生活在屋外的蟻巢中，群落可由萬隻

圖 2-4　熱帶大頭蟻

以上個體組成。在家屋中雖屬騷擾性種類，但因往往侵入屋內的個體數量較多，且伴隨著武力強大的兵蟻，因此較會主動叮咬人們或寵物。

(五)狂蟻(*Paratrechina longicornis*)

又稱長角蟻、小黑蟻(圖2-5)，狂蟻體長約2.5~3.0 mm，複眼大而凸，觸角柄節細長，常在建築物內築巢，性耐乾旱，為城市最常見的螞蟻。

圖 2-5　狂蟻

小黑蟻為臺灣家屋螞蟻常見的種類，體型略大於小黃家蟻，體型黑，行動速度較快，常於戶外走廊或人行道上活動。多將蟻巢殖於屋外的土層中，也常築巢於乾涸的水溝中，但也會因屋外環境變化（如下大雨），而將蟻巢遷入屋內，但於屋內發現也多出現在一、二樓的房舍中。若於高層樓房中出現其蹤跡，往往是因為盆栽或屋頂花園攜入含有蟻巢的土壤所造成。為多蟻后型的群落結構，由數百隻至數千隻個體所組成。屬較傾向入侵型的家屋螞蟻，在家屋中屬騷擾性種類，較不會主動攻擊人們或寵物。

（六）黑頭慌蟻(*Tapinoma melanocephalum*)

又稱芳香家蟻（圖 2-6），為多蟻后型的群落結構，多由數百隻個體所組成。黑頭慌蟻體長約 1.1~3.2 mm，觸角 12 節，不具棒狀。前伸腹節一節，藏於腹部前緣之下；體色褐色至黑色，具一對臀囊。螞蟻受驚擾時，釋放出椰子腐敗的臭味，故名芳香家蟻。

黑頭慌蟻與小黃家蟻同為臺灣家屋中常見螞蟻，體型較小黃家蟻小，體色雙色，容易辨識，行動速度較快速。在屋外的草地與樹林地表等環境中可常見其蹤跡。黑頭慌蟻經常侵入室內，尤其是在雨季時節。在家屋中喜歡築巢於建築縫隙，如牆壁裂縫或地板空隙等地方。屬定居

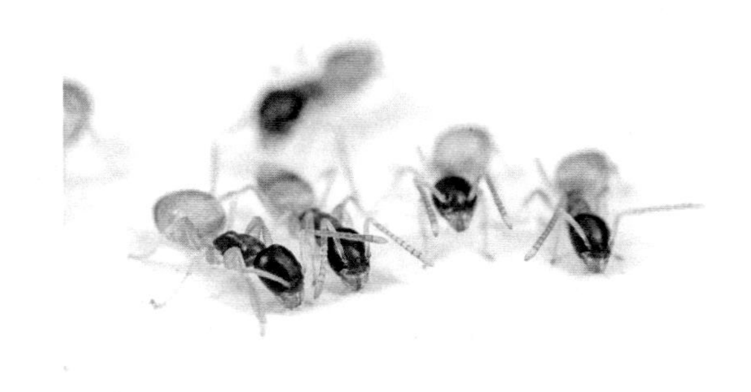

圖 2-6　黑頭慌蟻

型的家屋螞蟻，在家屋中雖屬騷擾性種類，但活動力較強，常會叮咬人們或寵物。若將其捏死，常可聞道嗆鼻的酸性氣味，是目前危害最為嚴重的家屋螞蟻。

（七）黑棘蟻(*Polyrhachis dives*)

又稱黑螞蟻（圖 2-7），多發現於樹上草叢。為多蟻后型的群落結構，由數百隻至數千隻個體所組成。工蟻體長 5.3~6.3 mm，體黑色被有柔毛，頭短而寬，觸角 12 節，腹部第一節特大，其長度至少為後面數節總長度之一半。前胸突出，背板具有二個直立之長刺，後胸背板有一對刺；前伸腹節一節，兩側具有兩個向後彎曲之長刺，刺之間有二個齒狀突起。

黑棘蟻多在樹上築巢，巢內呈蜂巢狀，有許多小室，工蟻攻擊性強，蟻巢若受擊擾，則大量踴出防禦。黑棘蟻是臺灣家屋螞蟻中典型的入侵型螞蟻，且為家屋螞蟻中最大的種類，體型釉黑，常因身體上密布白色或白黃色短毛，而成金屬光澤，為臺灣中低海拔地區常見的螞蟻種類。多於樹枝幹、芒草叢、庭院籬笆等處，建築絲質狀蟻巢。就像編織蟻一樣，黑棘蟻以末齡幼蟲所吐出的絲，將葉片或枯枝等材料黏合，蓋

圖 2-7　黑棘蟻

出巢外壁與巢室間隔。若黑棘蟻將其蟻巢築於離家屋較近的區域，則常會發現為了尋找食物而侵入家中的個體，在家屋中屬騷擾性種類。黑棘蟻具有強烈的領域性，受驚嚇時，會將腹部酸腺由腹下前舉、觸角上揚，表現出明顯的威嚇攻擊行為，會有主動攻擊人們或寵物的情事發生。

（八）懸巢舉尾蟻(*Crematogaster rogenhoferi*)

體長約 3.5~4.5 mm，頭、胸部褐色，中胸後緣兩邊有棘刺，腹部黑褐色呈小水滴狀具有明亮的光澤（圖 2-8），習慣上舉，會分泌費洛蒙，指引同伴沿著路線前進，共同捕食獵物。懸巢舉尾蟻是一種高度社會化的昆蟲，其社會階級之分化，非常明顯，依照不同的工作可分為蟻后、雄蟻、工蟻和兵蟻，各司其職扮演不同的角色，共同組成一窩蟻巢。懸巢舉尾蟻的生活史為：「蟻卵→幼蟲（幼齡幼蟲→中齡幼蟲→熟齡幼蟲）→蛹化→變態→變色→成蟻」。成蟻分成新生蟻、壯齡蟻及老齡蟻三階段。新生蟻，行動偏慢、顏色較淡、比較脆弱；壯齡蟻，行動力最佳、顏色較深；老齡蟻，行動較遲鈍且緩慢、顏色正常、年紀最大，經常為覓食、守衛和巡邏的先鋒。

圖 2-8　懸巢舉尾蟻

懸巢舉尾蟻會利用植物的纖維包裹枝幹築巢，形狀像蜂巢，卵形，但蜂巢為半面附著，蟻巢則將枝幹整個包住（圖 2-9）。生活於平地及低海拔山區，常見於竹林內於蚜蟲棲息的環境下活動，喜歡群聚數量很多。懸巢舉尾蟻受到侵擾時會快速出巢抵禦並釋放出強而有力的蟻酸。

懸巢舉尾蟻的生活習性：懸巢舉尾蟻屬於雜食性螞蟻，食物來源除了會一起捕食昆蟲外，平時還會 吸食蚜蟲、介殼蟲的蜜露、植物產生的花蜜，甚至是撿拾昆蟲或動物的屍體。懸巢舉尾蟻的蟻巢常位於樹叢間，依照食物來源的多寡來決定蟻群的大小，在樹木上呈現不同的大小。蟻巢為球形、土球狀，外觀和虎頭蜂巢相似，但是此種蟻巢較為粗糙、外殼凹凸不平。

圖 2-9　懸巢舉尾蟻會利用植物的纖維包裹枝幹築巢，形狀像蜂巢

（九）疣胸琉璃蟻(*Dolichoderus thoracicus*)

屬於琉璃蟻亞科，工蟻體長 3~4 mm，體色黑色，頭部黑色，胸部背板呈疣狀凹凸不平具毛，腹部黑色具 2 條光滑的橫帶，腹末端具白色的絨毛，各腳黑褐色，脛節以下顏色較淺（圖 2-10）。疣胸琉璃蟻是臺灣本土蟻類，是一種樹棲性的螞蟻；蟻巢屬多蟻后型，分布在海拔 500~600 公尺以下山麓的竹林、雜木林、荒廢地及農園等環境。臺灣每

年 5~8 月為疣胸琉璃蟻的繁殖期。疣胸琉璃蟻喜歡居住在隱蔽性高的環境，像是竹竿、落葉堆等地築巢，但如果遇上戶外環境不佳，則會移動到居家環境，尤其是天花板、間隔夾板、電箱，因此，活動範圍容易擴及居家環境。疣胸琉璃蟻喜歡沿著電線、水管到處爬。如果噴殺蟲劑防治，牠聞到強烈的忌避氣味就會逃竄，此時電線、水管就變成「高速公路」，螞蟻反而藉此擴張地盤，並通往民眾居住之處，經常是這家噴藥，螞蟻就跑到隔壁，就變兩家，再變十家，越噴越廣。

疣胸琉璃蟻近年在中南部大爆發，可能是氣候變遷加上生態失衡，導致大量繁殖、群體擴散遷徙，入侵人類的生活領域。疣胸琉璃蟻受驚擾時會群起攻擊，叮咬人時，會自其腹部尾端噴出蟻酸使得受害者眼睛睜不開、呼吸困難。目前全臺共有 9 縣市（新竹、苗栗、臺中、彰化、南投、嘉義、雲林、臺南、高雄）24 鄉鎮區遭受危害，更有往北移動趨勢。疣胸琉璃蟻雖然不會直接啃食危害農作物，卻可能間接導致農損。目前農政單位並未將之認定為害蟲。

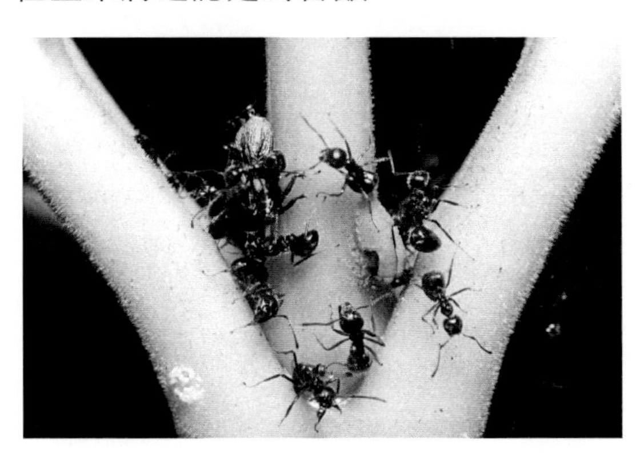

圖 2-10　疣胸琉璃蟻

二、生態

螞蟻是完全變態型的昆蟲，要經過卵、幼蟲、蛹等階段才發展為成蟲，大部分的物種在幼蟲階段沒有任何能力，牠們也不需要；完全由工蟻餵養，工蟻要先把食物吃進去，然後再吐出來餵養幼蟲，成蟲之間也以這種方式交換食物，此行為稱作「交哺」(Trophallaxis)，幼蟲的發育需要一定合適的溫度，因此工蟻經常將它們搬來搬去，維持合適的生長環境，大部分螞蟻可粗分為三個階級：工蟻、雄蟻和蟻后，雌幼蟲發育成工蟻或是蟻后則取決於幼蟲階段的營養條件。

螞蟻一般都沒有翅膀，只有雄蟻和處女雌蟻在交配時有翅膀，雌蟻交配後翅膀即脫落，雄蟻在交配後會死亡。當開花植物逐漸繁盛後，螞蟻的種類開始多樣化。螞蟻的性別由染色體的套數決定，為染色體倍性性別決定系統，受精的雙倍體(2n)為雌蟲，未受精的單倍體(n)為雄蟲。螞蟻的階級可粗分為：

1. **蟻后**：由受精的卵細胞發育而來，染色體雙套(2n)，為有生殖能力的雌蟲，通常體型最大，生殖器官發達，大部分有翅，有翅的個體胸部與飛行肌發達，在交配完後將翅膀脫去，負責產卵繁殖後代。
2. **雄蟻**：由未受精的卵細胞發育而來，染色體單套(n)，大部分有翅，交配完不久後便會死去。
3. **工蟻**：由受精的卵細胞發育而來，染色體雙套(2n)，為沒有生殖能力的雌蟲。負責搜尋食物、照顧蟻卵、幼蟲等大部分的工作，體型比兵蟻小。大部分工蟻不具生殖能力，少數情況下產出未受精卵，未受精卵有營養卵或是雄蟻卵兩種，營養卵是食物，雄蟻卵則會孵化成雄蟻；而某些物種的工蟻卵巢能夠發育，交配後能夠產下能發育的受精卵。剛羽化的工蟻負責巢中事務，如照顧幼蟲和蟻后、清掃環境、打理巢穴等；羽化較久的工蟻則出外覓食。幾乎所有的螞蟻都具有年齡多形性(Age polytheism)的分工機制。部分物種的工蟻產卵管特化為螯針，可以用來制服獵物或是防衛蟻窩。

4. **兵蟻**：由受精的卵細胞發育而來，染色體雙套(2n)，為沒有生殖能力的雌蟲。某些物種的兵蟻頭部及大顎高度骨化且發達。兵蟻的功能不是只有防禦，某些物種的兵蟻負責粉碎堅硬食物。並非每個物種都有兵蟻，沒有兵蟻的物種包括針蟻亞科、琉璃蟻亞科、擬家蟻亞科等。

三、習性

螞蟻透過費洛蒙溝通，由於牠們平時都生活在一個蟻巢中，所以這種溝通方式比其他膜翅目的昆蟲來得發達。螞蟻和其他昆蟲一樣透過觸角辨識氣味，觸角的末幾節膨大，呈膝狀彎曲，非常靈活。由於觸角是一對，因此既能辨別氣味的強度，也能辨識氣味來源的方向距離，成蟲互相交哺並通過其氣味了解對方的健康狀況、對方發現的食物等資訊。同時也能區別對方屬於從事哪個分工的階級。螞蟻如果發現了食物，它就會在回巢的路上留下一路的氣味，其他的螞蟻就會沿著這條路線去找食物，並不斷地加強氣味（圖 2-11）。如果這裡的食物被採集完了，沒有螞蟻再來，氣味就會逐漸消散；如果一隻螞蟻被碾碎，就會散發出強烈的氣味，立即引起其他螞蟻警惕，都處於攻擊狀態。

以居家常見的小黃家蟻為例，小黃家蟻的活動高峰在午夜 12 點至凌晨 4 點；夜晚活動的數量多於白天。在氣候悶熱、氣壓較低的天氣，工蟻外出活動的數量增多；其活動場所與食物存放地點有關，用誘餌在室內調查發現以廚房密度最高。活動除了受環境因素的影響外，還受食物、人類活動等因素的影響。小黃家蟻的觸角特別發達，是感覺、嗅覺相互交換信息的器官，它能識別氣味，分清敵、友和辨別方向，也是引導行動的指南針。小黃家蟻可釋放追蹤信息素(trail pheromone)；工蟻一旦找到食源，會在其爬行的道路上，用腹部或脛節上的腺體分泌出追蹤信息素，來標示在地食物到回巢穴間行走路線的蹤跡，因此很快就引出巢穴內大量的工蟻，排成隊伍運食。

蟻后不斷地分泌一種氣味（費洛蒙）抑制工蟻的卵巢發育，並讓工蟻知道蟻后還在巢內，同時用來拓展及控制牠的螞蟻王國（圖 2-12），一旦這種氣味停止了，工蟻就會培養新的蟻后。工蟻能區別對方屬於從

圖 2-11　蟻道

圖 2-12　蟻后

事那種任務的集團。螞蟻用兩個大牙叮咬的方式進行攻擊或自衛，叮咬時能從腹部末端分泌出蟻酸（甲酸；Formic acid），刺激被叮咬的傷口紅腫疼痛。螞蟻螯針是由產卵管變成毒腺而成，遇見敵人時會分泌蟻酸，通常皮膚會感覺一點灼熱感，有些毒性強的螞蟻（如火蟻，野外出現較多），甚至會造成嚴重的過敏反應。螞蟻亦是全世界力氣最大的昆蟲之一，牠的負重能力相當驚人，能拖動比牠體重還重 1,400 倍的物品，也能背負體型 52 倍的物品。

四、防治

（一）居家防治蟻類概念

1. **密封**：螞蟻非常擅長於找到牆壁，窗戶和地基中的裂縫和縫隙進入家中，可以使用填縫劑密封其入口點。
2. **清潔**：用肥皂水擦洗螞蟻出入口，及找尋螞蟻路隊小徑清洗。
3. **去除**：誘蟻物質如糖，油脂和其他食物是螞蟻進入居家的主要原因之一。可將食物放在密封的容器中來消除潛在的誘餌，定期取出垃圾，以防止吸引螞蟻。
4. **脫水**：螞蟻需要水分才能生存，解決在管道和其他區域可能出現的任何漏水。檢查水槽和水口，以確保乾燥。施用除濕機以減少家中的濕氣。

（二）蟻類防治

✡ **誘殺劑**

自製硼酸糖液（硼砂 1 公克＋糖 10 公克＋90 mL 溫水），以棉花球吸飽放在瓶蓋上，放置在廚房的水槽、垃圾桶或螞蟻較常出現的地方通常 2 小時內便有效果。

✡ 忌避劑

將辣椒粉、蒜粉、硼砂、滑石粉、痱子粉、薄荷油、萬金油、樟腦油或薰衣草精油等灑於螞蟻經常出沒處。

✡ 化學藥劑

通常採用對螞蟻沒有驅避作用的藥劑毒餌，讓工蟻將毒餌搬回後使巢內蟻王、蟻后及幼蟲中毒身亡，以進行系統性巢殺。

1. 螞蟻餌劑多半以生長調節劑（IGR，如 Fenoxycarb、Pyriproxyfen 等）為主，可以干擾螞蟻的生長發育，讓蟻后卵巢減小，不但減少產卵量，還可以抑制幼蟻蛻皮變為成年螞蟻。生長調節劑餌劑對人畜安全性高，迅速分解不殘留，並可在短期間內有效消滅螞蟻，十分方便。
2. 硅酸（二氧化硅）粉等吸入性粉塵：噴灑於蟻穴內，使螞蟻體內缺水而死。

2-2 蟑螂的生態習性及防治

蟑螂屬於昆蟲綱(Insecta)蜚蠊目(Blattoidea)，是一種有著 1 億年演化歷史的雜食性昆蟲。目前已發現大約有 4,100 多種，與人類的食性重疊，其中只有部分蟑螂會進入到人類的居家環境，牠們被稱為家棲性蟑螂(Household cockroach)，牠們繁殖力強，在人類家居棲身及覓食的同時，因家棲蟑螂長期生活在被人類汙染的環境中，導致牠們身上會攜帶一些細菌，因此蟑螂被普遍認為是害蟲。在臺灣，居家最常見的蟑螂，大的有體長約 30~50 mm 的美洲蟑螂(*Periplaneta americana*)；小的有體長約 10~15 mm 的德國蟑螂(*Blattella germanica*)。

一、特徵

蟑螂身體背腹扁平、光滑、少數種類具細毛，體表顏色大多為紅棕色、灰色至黑色。蟑螂之身體分頭、胸、腹三部分。頭部於休息時常向腹面彎曲或下垂；當不取食時，口器向後伸長於第一對足之間，口器為咀嚼式。具彎豆形大型複眼一對，單眼一對。觸角絲狀，甚長，分為100 個左右之小環節。

胸部之前胸背板發達，大多數種類中胸及後胸各具一對翅。前翅為革質、後翅為膜質，摺疊如扇狀，隱蔽於前翅下方。翅質堅韌，前翅革質形成翅蓋(Tegmina)。足為疾走式，腿節及跗節上多刺，跗節有五節，端具雙爪，有懸墊，蟑螂的腳會分泌直徑微米級(10^{-6} m; μm)的油脂，靠油脂表面張力產生的毛細現象順利爬上爬下，所以能攀爬牆面不掉落。氣孔 10 對，2 對在胸部，8 對在腹部。雄蟑螂成蟲之腹端有一對不分節之腹刺(Stylus)及一對分節（約 16 節）之尾毛(Cercus)。雌蟑螂成蟲只有尾毛一對，腹部最末一節為第七節腹板，分二葉，可夾持產出之卵鞘(Ootheca)。

（一）美洲蟑螂(*Periplaneta americana*)

美洲蟑螂廣泛分布於熱帶、亞熱帶及溫帶地區，亦為全世界共通種。本種為本省家居性蟑螂中最大形之種類，體長約 30~50 mm（圖 2-13）。體色為赤褐色至暗褐色，前胸背板近於扁平，其周緣部具黃色輪紋，成蟲觸角甚發達，長度超過體長，雌、雄成蟲之翅亦甚發達，善飛翔。雄成蟲腹部末端除有一對尾毛外，尚有一對明顯的腳基突起，亦稱腹刺(Stylus)，此特徵可用以分辨雌、雄。美洲蟑螂性喜溫暖潮濕，常棲息於廚房、餐廳、潮濕之地下室或牆角之縫隙，也常出現於垃圾堆積處及排水溝，為臺灣一般住家中最多且最活躍之種類。

圖 2-13 美洲蟑螂（成蟲與稚蟲）

美洲蟑螂之生活史（圖 2-14），依各地方及研究學者之不同常有出入。因其生活史很長，依其若蟲期、脫皮次數、成蟲期等的觀察結果，往往不能有一定的數值，大部分 Periplaneta 屬之蟑螂均為如此。每一雌蟲一生可產 15~84 個卵鞘，卵鞘自腹部末端伸出，約 2~3 日後便脫離母體，平均每隔 5 日產一卵鞘。卵鞘長約 8~9 mm，寬約 4~6 mm，形似一粒扁平之紅豆（圖 2-15）。

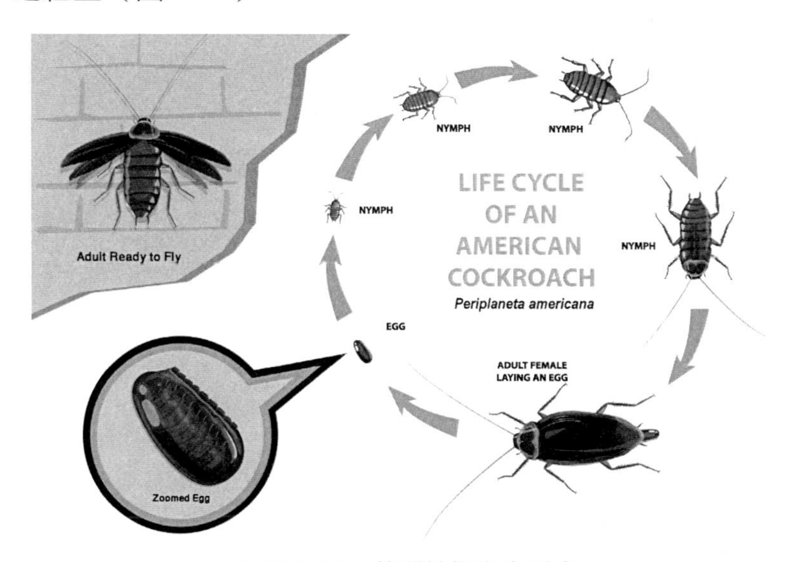

圖 2-14 美洲蟑螂之生活史

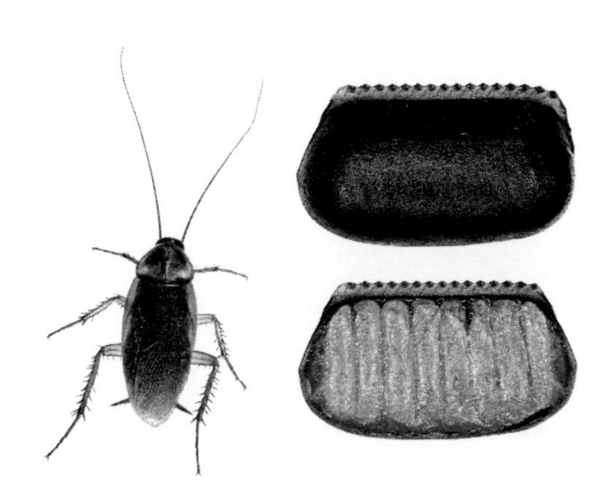

圖 2-15　美洲蟑螂的卵鞘及其剖面

每一卵鞘含 14~24 個卵。在室溫時(25℃)卵約 40 天後孵化為若蟲，若蟲期約為一年；若蟲因環境條件之不同，脫皮約 10 次，最後一次脫皮終了，變為成蟲。剛羽化之成蟲體色為淡黃色，之後逐漸轉為紅棕色。成蟲羽化後通常經過二週左右才開始交配行動，交配數日後即可產卵。美洲蟑螂亦有孤雌生殖的現象，但較少見，通常仍以交配後產卵較正常。成蟲壽命在個體間之差異很大，從 100~800 日不等，平均為 450 日。一般而言，雄蟲之壽命較雌蟲短。

(二) 德國蟑螂(*Blattella germanica*)

德國蟑螂源自非洲又稱茶翅蟑螂或俄國蟑螂（圖 2-16)，為分布最廣之一種，幾乎遍及世界各地。其生活史短、繁殖力強，一對德國蟑螂一年可繁殖成為十萬隻後代，為家屋中最重要之害蟲。德國蟑螂亦為居家蟑螂中個體最小的一種，體長約 10~15 mm，成淡黃褐色，其前胸背板具有黑帶，黑帶中央為一淡色條紋，因而使該黑帶形成兩條縱走黑色條紋，雌蟑螂之翅覆蓋整個腹部，而雄蟑螂之腹端則露出翅外，雌、雄成蟲之翅均發達，有時可飛翔。

雌蟲之體寬大於雄蟲，每一雌蟲一生可產卵鞘 4~8 個，卵鞘平均大小約長 8.5 mm、寬 3.6 mm。卵鞘內之卵並排成二列，每一卵鞘所含之卵數約 30~38 個。表面所具條紋數與鞘內卵數相當。卵發育期間，由雌蟲將部分突出之卵鞘攜帶在腹部末端（圖 2-17），直到卵即將孵化時，卵鞘才脫離母體。卵約將 28 天孵化成若蟲，若蟲期約 8~12 週，期間經 6 個齡期，脫皮 5 次變為成蟲，在室溫下成蟲之壽命約 95~142 天。

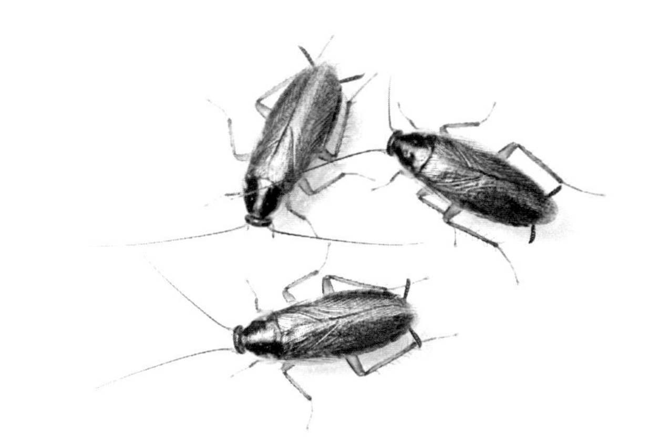

圖 2-16　德國蟑螂圖

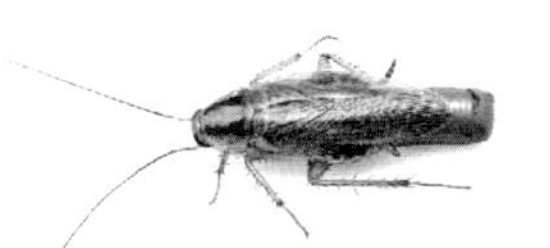
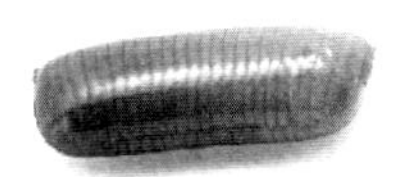

圖 2-17　德國蟑螂雌蟲及其卵鞘

德國蟑螂之直腸分泌細胞能分泌一種強力誘引劑，使得該種蟑螂有聚集之作用，此種分泌物稱為集合費洛蒙(Aggregation pheromone)，此亦可說明為何蟑螂皆喜好聚集之原因。德國蟑螂雖普遍分布，但在家屋內較少，通常均出現於旅館、飲食店等公共場所及公共汽車、火車等交通工具。根據魏(1975)的調查，臺灣以美洲蟑螂較多，但近年在臺北市的調查，德國蟑螂已躍升居家性蟑螂之第一位（劉等，1989；徐，1990）。德國蟑螂性喜溫暖潮濕之環境，如汙水排水溝、近煙囪、爐具、水槽下或垃圾堆置場等處。食性屬雜食性。

表 2-1　簡述及比較臺灣居家最常見的蟑螂

家棲性蟑螂	美洲蟑螂	德國蟑螂
科學分類	蜚蠊科，家蠊屬	姬蜚蠊亞科，姬蠊屬
體長	30~50 mm	10~15 mm
體色	赤褐色~暗褐色	淡黃褐色
爬行速度	1.3~1.5 m/sec	0.6~0.7 m/sec
飛翔能力	翅發達，善飛翔	翅發達，有時可飛翔
食性	雜食性（喜食腐敗的有機物）	雜食性（喜食肉類、澱粉、糖類及各種油脂）
適應溫度	15~35℃	20~29℃
族群分布	全臺灣；中南部居多	全臺灣；中部以北居多
雌蟲一生可產卵鞘	15~84 顆	4~8 顆
卵鞘含卵量	14~24 個	30~38 個
生活史	6~12 個月	2~3 個月
長成成蟲階段	需經過 10~12 次脫皮	需經過 6~7 次脫皮
繁殖能力／年	10 萬隻後代	40 萬隻後代
對人類危害性	大	最大
對殺蟲劑產生抗性	能分泌解毒酵素，產生抗藥性基因	抗除蟲菊酯類殺蟲劑
平均壽命	100~800 天	95~142 天

二、生態

所有蟑螂皆為陸棲性，不善飛翔。大部分生活於暗處，蟻巢、樹皮下、落葉及石塊下，僅有少部分棲息於家屋內，為重要之室內害蟲。蟑螂為不完全變態（漸進變態），分卵、若蟲及成蟲三期。卵一般產於卵鞘內，卵鞘形狀隨種類而異，可作為分類之依據，有些種類在未產完前，常攜於腹部末端，亦有於幼體孵化時始安置適當場所，少數營胎生或卵胎生，亦有某些種類的蟑螂是行使孤雌生殖（處女生殖）的現象。孵化之若蟲需經 6~13 次之脫皮。蟑螂具有負趨光性及趨觸性，尤其是居家性蟑螂。某些居家性蟑螂常有聚集現象，此乃由於蟑螂本身所分泌的費洛蒙(Pheromone)作用的結果。蟑螂為雜食性昆蟲，耐飢性強，通常蟑螂喜好高溫多濕的環境，在低溫時較不活動。

蟑螂是繁殖力很強的動物，一對德國蟑螂一年可繁殖成為 40 萬隻後代。平常其卵在卵莢內需要 15 天才能孵化出來，剛剛孵化的蟑螂是乳白色（某些種類蟑螂剛孵化出來時的幼蟲則是透明或半透明的）的無翅若蟲。若蟲取食不久，因昆蟲是外骨骼的動物，要長大就必須要脫皮，一齡若蟲大概 1~2 星期後再行第二次脫皮，等到第 3 次或者 4 次脫皮以後，就可以看見翅芽，但要達到性成熟之成蟲階段，平均德國蟑螂都要經過 6~7 次脫皮，而美國蟑螂則要脫皮 10~12 次才行。蟑螂的生長、脫皮次數和氣候因素、食物的獲得，有著密切的關係，一般德國蟑螂可在 2~3 個月內完成生活週期，是屬於不完全變態或稱漸進變態的昆蟲。

三、習性

蟑螂是雜食性的，擁有咀嚼式的口器（圖 2-18）。這使得牠們能夠生存在人類四周，很容易就能在廚餘、垃圾中找到食物。掉落的食物、垃圾以及下水道裡的汙物都能夠吸引蟑螂，而牠們甚至能夠取食書上的黏合劑乃至郵票上的漿糊。牠們雖然不叮咬人類，但醫學昆蟲學家曾發現過牠們以人類的指甲、睫毛、頭髮、皮膚、手腳上的老繭甚至睡著的人臉上的食物殘渣為食。蟑螂比起其他脊椎動物有較高的抗輻射性，輻射致命耐受劑量比人類高出 6~15 倍不等。即使蟑螂在蛻皮的時候遭受輻射塵的侵襲，生存率仍然比人類高出很多。

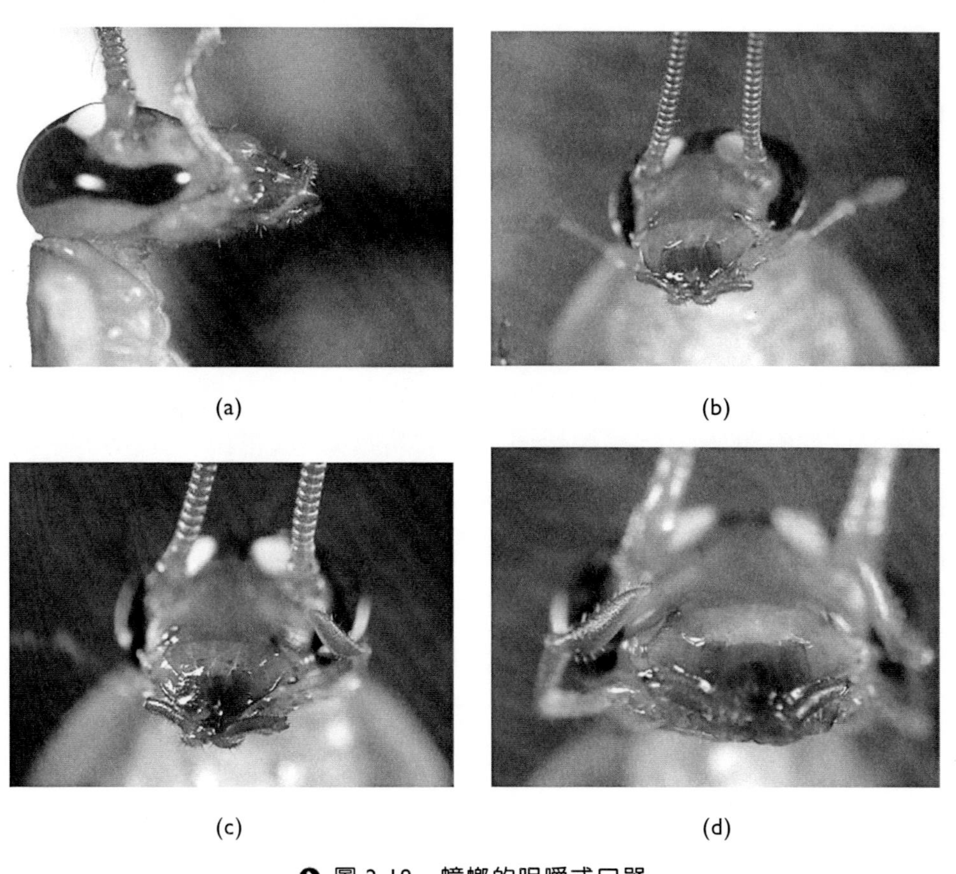

(a) (b)

(c) (d)

圖 2-18　蟑螂的咀嚼式口器

四、防治

蟑螂的天敵有壁虎、蜘蛛（最常見的為白額高腳蛛）、蠍子、蜈蚣、蚰蜒、螞蟻、蟾蜍、蜥蜴等。對其種群數量起控制作用的天敵是膜翅目的蜂類，包括捕食性天敵長背泥蜂科(Ampulicidae，最知名的為扁頭泥蜂)，以及寄生性天敵旗腹姬蜂科(Evaniidae)、跳小蜂科(Encyrtidae)、旋小蜂科(Eupelmidae)、姬小蜂科(Eulophidae)等。此外，家貓、猴子及老鼠也偶會捕食蟑螂。蟑螂除了上述的天敵，因為討厭而大量殺滅蟑螂的人類也可算是蟑螂的另類天敵。

蟑螂之防治首重環境衛生，保持室內清潔，加強環境之整頓、清理垃圾、廚餘等作完善之處理。尤其晚上就寢前，應將廚房、浴室、盥洗盆之排水孔密蓋，以防藏匿水溝內之蟑螂沿排水管侵入室內。在蟑螂的預防上，只要對於生活環境作以改善，即能達到不錯的預防效果。環境的整潔度仍舊是最重要，但往往許多民眾不知以何種方式來改善環境，以下提供幾種環境改善方法，給予民眾作為參考：

1. 家中所食用的任何食物（包括零食、調味料等）碎屑如掉落於地面或桌面，應立即以掃把或吸塵器清除，並以含清潔劑的濕抹布或拖把清洗擦拭，因為小小的碎屑或油垢，都可能成為蟑螂的食物；唯有斷絕蟑螂所有的食物，才能杜絕牠的滋生。
2. 已開封的食品用完後，應立即以肥皂水沖洗丟棄，或密封完善完全收起，勿堆放於廚房。
3. 勿在廚房流理檯上、下櫥櫃，使用紙製品類當墊底（包括各類紙箱、紙盒、紙張）或供地面舖設使用，因為蟑螂喜愛躲藏於紙類製品夾縫中，這樣將使環境更加惡劣、複雜。所以應該避免堆積紙類物品，最好能讓紙製品消失於廚房。

現行較常用且專業的防治法包括：

（一）施用餌劑

餌劑的使用可免除如藥劑噴灑時隨處飄散及空汙，造成人畜吸入性傷害之缺點，亦即減少環境汙染之機會。使用餌劑之重要條件，應先清理環境，將蟑螂可利用之食物清除，才能發揮餌劑之防治效果。一般以含毒餌之捕蟑屋或捕蟑盒較實用，尤其是在殺蟲劑不能施用的敏感地區，如飼料工廠、養蟲室及研究試驗場等地，使用餌劑比較適當。以硼酸粉、麵粉與玉米粉混合製成毒餌誘殺蟑螂具有防治效果。如以 10%硼酸粉加 90%之細糖粉為誘餌，可有效防治德國蟑螂（李，2000）。市售的蟑螂餌劑中，其藥劑主成分如安丹、亞特松或磺胺藥物等，皆具有防治效果。

（二）殘效性噴灑

殘效性殺蟑劑之劑型包括乳劑、粉劑和顆粒劑等。一般使用氣壓式噴霧器，配以針孔水流噴頭、熱煙霧發生器及噴粉器等依環境地形地物配合施用。殘效噴灑乳劑一般用於玻璃板、不銹鋼家具、磁磚等光滑之表面噴灑殘效乳劑，使形成一藥劑薄膜。當蟑螂爬行其上時，殺蟲劑則可由蟑螂足端或腹部各節之節間膜滲透侵入蟑螂體內，達到觸毒致死之效果。

目前市面上較受歡迎的殘效性殺蟲劑為微膠囊殺蟲劑(Microencapsulated insecticide)，是一具有安全性、穩定性及長效性之劑型，其有效期可長達 6~12 個月。灑布殘效性粉劑可施用於須保持乾燥之環境，及不能使用乳劑之處。粉劑不可灑布於潮濕之表面，以免影響藥效。一般粉劑所含之藥劑如 2%大利松、2%亞特松等。此外，殺蟲劑殘效處理之後，可用除蟲菊類藥劑，對蟑螂隱身之空隙、裂縫作熱煙霧、氣噴或超低容量(ULV)噴灑，將隱棲其內的蟑螂驅趕出來，增加其接觸藥劑之機會，而加速其中毒致死。

(三)性費洛蒙及生長調節劑

利用蟑螂性費洛蒙配合製成之黏蟑紙、黏蟑板、捕蟑盒或捕蟑屋等以誘殺蟑螂，如蜚蠊酮(Periplanone)應用於誘捕美洲蟑螂之雄蟲及若蟲成效甚佳；而捕獲之雄蟑螂會釋放聚集性費洛蒙可引誘雌蟲及若蟲。昆蟲生長調節劑之應用，一般常使用青春激素類似物如百利普芬(Pyriproxyfen)、Hydroprene、Fenoxycarb 與幾丁質合成抑制劑如二福隆(Diflubenzuron)和 Alsystin 等，會造成蟑螂生理上無法正常生長或抑制新表皮之形成，而達到防治之目的。

(四)生物防治

蟑螂的天敵有壁虎、蜘蛛；最常見的為白額高腳蜘蛛(*Heteropoda venatoria*)、蠍子、蜈蚣、蚰蜒、螞蟻、蟾蜍、蜥蜴和錢鼠等。可對其種群數量起控制作用的天敵是膜翅目的蜂類，包括捕食性天敵長背泥蜂科(Ampulicidae，最知名的為扁頭泥蜂)，以及寄生性天敵旗腹姬蜂科(Evaniidae)、跳小蜂科(Encyrtidae)、旋小蜂科(Eupelmidae)、姬小蜂科(Eulophidae)等。臺灣的美洲蟑螂及澳洲蟑螂之寄生性天敵為卵寄生蜂，即瘦蜂科之瘦蜂(*Evania appendigaster*)與姬小蜂科之寄生小蜂(*Tetrastichus hagenowii*)，可寄生於蟑螂的卵鞘中破壞其卵。

(五)綜合防治

所謂綜合防治乃是將上述兩種或兩種以上之方法，配合居家環境之地形、地物，同時應用於蟑螂之防治上，如環境整頓配合殺蟲劑之處理。在綜合害蟲管制(Integrated pest management; IPM)之理念下，實施害蟲防治措施時，除了考量防治效果外，尤須注意應對環境汙染、空氣汙染、人畜傷害等之程度減至最低。

課後複習

1. 螞蟻是運用何種方式引導同伴尋找食物源？(A)口器分泌甲酸 (B)口器分泌蟻酸 (C)後足腺體分泌費洛蒙 (D)尾部分泌蟻酸。
2. 螞蟻為騷擾性的居家害蟲，下列何者為臺灣最常見的品種？(A)小黃家蟻 (B)臭巨蟻 (C)熱帶大頭蟻 (D)以上皆是。
3. 下列何者常在建築物內築巢，性耐乾罕，為城市最常見的螞蟻？(A)小黃家蟻 (B)臭巨蟻 (C)熱帶大頭蟻 (D)狂蟻。
4. 下列哪一個品種的蟻類多在樹上築巢，腰節上有似牛角的棘刺，工蟻攻擊性強，蟻巢若受擊擾，則會大量踴出防禦，具攻擊性？(A)黑棘蟻 (B)狂蟻 (C)熱帶大頭蟻 (D)疣胸琉璃蟻。
5. 下列哪一個品種的蟻類常築巢於樹叢間，蟻巢為球形、土球狀，外觀和虎頭蜂巢相似？(A)黑棘蟻 (B)懸巢舉尾蟻 (C)熱帶大頭蟻 (D)疣胸琉璃蟻。
6. 下列何種螞蟻性好電磁波，常鑽進電器設備內，為電器害蟲？ (A)中華單家蟻 (B)臭巨山蟻 (C)小黃家蟻 (D)熱帶大頭蟻。
7. 下列何種螞蟻當其受驚擾時，會釋放出椰子腐敗的臭味，故名芳香家蟻？(A)小黃家蟻 (B)黑頭慌蟻 (C)中華單家蟻 (D)黑棘蟻。
8. 下列何種螞蟻屬定居型的家屋螞蟻，是目前危害最為嚴重的家屋螞蟻？(A)熱帶大頭蟻 (B)黑頭慌蟻 (C)中華單家蟻 (D)黑棘蟻。
9. 下列何種螞蟻近年在台灣中南部大爆發，可能是氣候變遷加上生態失衡，導致大量繁殖、群體擴散遷徙，入侵人類的生活領域？(A)疣胸琉璃蟻 (B)黑頭慌蟻 (C)中華單家蟻 (D)懸巢舉尾蟻。
10. 螞蟻能拖動比牠體重還重幾倍的物品？(A) 1,400 倍 (B) 1,000 倍 (C) 400 倍 (D) 100 倍。

11. 螞蟻能背負比牠體型大幾倍的物品？(A) 52 倍 (B) 100 倍 (C) 150 倍 (D) 520 倍。
12. 美洲蟑螂雌蟲一生可產多少個卵鞘？(A) 4~8 個 (B) 14~24 個 (C) 25~34 個 (D) 15~84 個。
13. 德國蟑螂雌蟲一生可產多少個卵鞘？(A) 4~8 個 (B) 14~24 個 (C) 25~34 個 (D) 15~84 個。
14. 一對美洲蟑螂一年可繁殖幾隻後代？(A) 10 萬隻 (B) 20 萬隻 (C) 30 萬隻 (D) 40 萬隻。
15. 一對德國蟑螂一年可繁殖幾隻後代？(A) 10 萬隻 (B) 20 萬隻 (C) 30 萬隻 (D) 40 萬隻。
16. 蟑螂比起其他脊椎動物有較高的抗輻射性，其輻射致命耐受劑量比人類高出約幾倍？(A) 1.5 倍 (B) 3~5 倍 (C) 6~15 倍 (D) 1,000 倍。
17. 下列何者是蟑螂的天敵？(A)螞蟻 (B)壁虎 (C)白額高腳蛛 (D)以上皆是。
18. 德國蟑螂的爬行速度有多快？(A) 0.3~0.5 m/sec (B) 0.6~0.7 m/sec (C) 0.8~0.9 m/sec (D) 1.0~1.2 m/sec。
19. 微膠囊殺蟲劑(Microencapsulated insecticide)，是一具有安全性、穩定性及長效性之劑型，其有效期可長達多久？(A) 2 星期 (B) 1 個月 (C) 3 個月 (D) 6~12 個月。
20. 誘殺蟑螂的藥劑，如蜚蠊酮(Periplanone)可應用於誘捕何種蟑螂之雄蟲及若蟲成效甚佳？(A)德國蟑螂 (B)美洲蟑螂 (C)澳洲蟑螂 (D)以上皆是。

MEMO

CHAPTER 03

居家常見的飛行性害蟲

本章大綱

前言

一般居家或餐廳常見的飛行性害蟲包括：家蚊、搖蚊、果蠅、蒼蠅、隱翅蟲等。除了隱翅蟲是屬於鞘翅目外，其餘皆屬於雙翅目，這些小型昆蟲很多會危害我們的環境及居家品質，也因此被列為是衛生害蟲。衛生害蟲(Sanitary pest)是指那些影響人類健康的節肢動物總稱，牠們會通過騷擾、刺叮、寄生等多種方式危害人類生活，並可傳播疾病的病原體以及傳播絲蟲病、傷寒、霍亂等流行病，嚴重威脅人們的生命安全。

居家常見的飛行性害蟲對人類主要危害有直接的也有間接的，其危害主要有：(1)吸血騷擾：如家蚊為吸血的節肢動物，由於牠們的叮咬一般可引起瘙癢甚至紅腫，尤其是熱帶家蚊，在某些雜草叢生及野貓、野狗出沒的地區常會大量發生，族群密度極高，進而飛入居家環境中，往往由於牠們成群的襲擊，使人難以忍受，嚴重防礙人們的戶外活動；(2)寄生性：如某些蠅類幼蟲可寄生在人體的不同部位，引起蠅蛆症。家居環境中常見的蒼蠅、果蠅除了在食物上傳播致病原導致腸胃症狀外，也經常扮演騷擾性飛行昆蟲的角色。

此外，被稱為夏夜裡的毀容怪客「隱翅蟲」，也是具騷擾及皮膚傷害性的環境害蟲，隱翅蟲本身具有趨光習性，夜間會飛到有燈光的地方，再加上其體型小，可穿過一般家庭門窗之紗窗，所以很容易潛入住家中，侵害人體；夏夜中在公園約會的情侶及野外活動的民眾也都是高危險群，侵害之部位主要以沒有衣物遮蔽的曝露部位為主。

3-1 家蚊的生態習性與防治

庫列蚊(*Culex* spp.)，別稱家蚊，是蚊科的一個屬，種類包括熱帶家蚊(*Culex quinquefasciatus*)、尖音家蚊(*Culex pipiens*)、地下家蚊(*Culex pipiens molestus*)、三斑家蚊(*Culex tritaeniorhynchus*)和環狀家蚊(*Culex annulus*)。

熱帶家蚊(*Culex quinquefasciatus*)屬於昆蟲綱(Insecta)，雙翅目(Diptera)，蚊科(Culicidae)，口吻細長，前翅發達具鱗片，擅飛行；後翅退化成為平衡棍(Haltere)，看起來只有兩片翅膀，故屬於雙翅目（圖3-1）。是熱帶及亞熱帶地區常見的蚊子，也是社區、住家常見蚊蟲。

圖 3-1　熱帶家蚊（雌蚊）

尖音家蚊(*Culex pipiens*)屬家蚊亞科(Culicinae)、庫蚊屬(Culex)，又稱淡色庫蚊、家蚊、混雜家蚊或地下家蚊（圖 3-2），是蚊科的一種吸血蚊子。這個物種是一些疾病的載體，如日本腦炎、腦膜炎、蕁麻疹，在美國，牠傳播西尼羅河病毒。尖音家蚊在全球主要大洲均有分布，包括歐洲、亞洲、非洲、南美洲和北美洲。

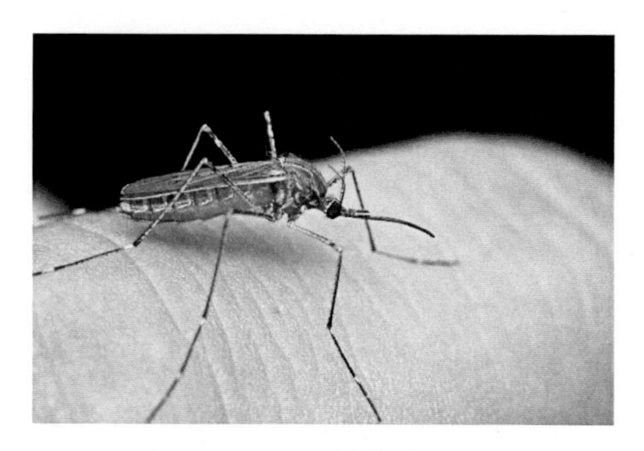

圖 3-2　尖音家蚊（雌蚊）

地下家蚊(*Culex pipiens molestus*)，屬於尖音家蚊(*Culex pipiens*)的亞種（圖 3-3），是近年入侵臺灣的外來種。地下家蚊於 18 世紀發現，由於發現地點為倫敦的地下水道，因此又被稱為倫敦地下家蚊(London underground mosquito)。地下家蚊可適應低溫環境，為臺灣秋、冬季居家活躍的蚊種，因其具有傳播西尼羅病毒(West Nile virus)的能力，在臺灣被認為是日本腦炎(Japanese encephalitis virus)傳播的潛在病媒之一。

圖 3-3　地下家蚊（雌蚊）

一、特徵

(一) 熱帶家蚊

成蟲體長約 5~6 mm，全身單純褐、棕色。熱帶家蚊只有一對翅膀另一對演化為平衡桿，飛行速度大約是 1.5~2.5 公里的時速，每一次飛行可以持續約 4~5 分鐘，飛行時的快速振翅可以產生足夠的風壓以提升飛行速度，當蚊子振翅時，每秒振翅次數可以高達 595 次左右，因快速振翅的關係，當蚊子在接近我們耳朵飛行時，很容易可以聽到「嗡嗡嗡嗡」這種頻率的振翅聲響。

(二) 尖音家蚊

體長為 3~7 mm，身體細長，翅膀狹長，腿很長。腹部為帶狀棕色和白色。牠們有羽狀觸角。在自然常況下，尖音家蚊多在室外空間飛舞，但在小空間也可以飛舞而完成交配任務。

(三) 地下家蚊

體長為 3~7 mm，身體細長淺棕色，翅膀狹長，腳上無斑點。雌蚊第一次產卵不需要吸血即可完成產卵行為蚊種，但第二次以後仍須吸血才能產卵。地下家蚊的棲息環境、活動高峰期、吸血對象、吸血產卵、交配繁殖空間、冬眠行為、適應地下室環境、季節分布與冬眠行為等，均和熱帶家蚊有所差別(如表 3-1 所示)。

表 3-1 熱帶家蚊、尖音家蚊與地下家蚊三者生態習性的差異

生物生態習性	熱帶家蚊	尖音家蚊	地下家蚊
體色特徵	體長 5~6 mm，全身褐、棕色	體長 3~7 mm，淺褐，色腹部帶狀棕色和白色	體長 3~7 mm，身體細長淺棕色
棲息環境	居家、開放環境、排水道或化糞池	居家、汙水坑、積水糞坑、積水窪地及沼澤	地下封閉環境；地下室、下水道、雨水道
活動高峰期	夜間	黃昏、清晨	全天
吸血對象	人及鳥類，牛、豬、狗、貓	嗜吸鳥類及人血	哺乳類；主要人類與鼠類
繁殖方法	非自營性 (Anautogeny)	非自營性 (Anautogeny)	自營性 (Autogeny)
交配繁殖地點	開曠空間環境	狹小空間環境即可繁殖	狹小空間環境即可繁殖
季節分布	夏、秋季節	全年皆活動	全年皆活動；秋冬天更活躍
冬眠行為	有	無	無

二、生態

家蚊為完全變態昆蟲，其生活史包括：卵、幼蟲、蛹、成蟲。在臺灣的夏天，熱帶家蚊的卵期約 1 天，幼蟲期約 7~10 天，蛹期約 2 天，整個生活史約 10~13 天。成蟲壽命：雄蚊羽化後通常可活 1 星期，雌蚊在夏天可活 2~3 星期，在冬季或休眠的成蟲可存活 4~5 個月以上。

(一) 卵

雌蚊喜產卵於富腐植質的水域，每次產卵約 150~200 顆，卵長不超過 1 mm，平均約 0.5 mm。卵相黏成塊，稱卵塊、卵筏或卵舟(Egg raft)。卵產出後，16~24 小時內即可孵化為幼蟲（即孑孓）。

(二)幼蟲

俗稱孑孓，水生，無足，幼蟲分四齡。幼蟲在水中以尾部呼吸管懸在水面，行呼吸作用，身體於水面成 45 度角。腹部第九節為肛腮，主要作用為調節滲透壓。孑孓受驚擾時沉入水內，經一段時間再浮升。幼蟲為濾食性，以刷毛狀的口器(Mouth brush)在水中刷動濾食。幼蟲約 7 天左右化蛹。

(三)蛹

由四齡幼蟲變為蛹，蛹期不攝食，活動力強。蛹外形似逗點，分為頭胸及腹兩部分，頭胸部外圍為幾丁質包圍，具一對複眼，頭胸部背面具有 1 對喇叭狀呼吸管(Respiratory trumpet)，可在水中浮沉。腹部前八節為骨化環節，各節間有節間膜，能伸屈擺動。腹末端有一對尾鰭(Paddle)，當蛹受驚擾時，可藉以做滾狀游動及潛水。第十節之下具生殖葉，雌蚊較短，雄蚊較長，可以區分。蛹經 2~3 日後，於夜間羽化為成蚊。

(四)成蟲

成蟲頭部具有一對大複眼，一對觸角，一長口喙。觸角由基節、梗節及鞭節組成。多數蚊類之觸角為第二性徵，即雌蚊觸角上之感覺毛疏而短，雄蟲則為鑲毛狀，感覺毛密而長。口器由 6 根針組成，即上唇、大顎一對、小顎一對、下咽頭等。翅脈上覆蓋有被鱗(Squama scales)和羽鱗(Plume scales)，翅緣有緣纓。腹部十節，第一到第八腹節側膜具有氣門一對，腹的最後二節變為外生殖器官。

蚊為冷血動物，其生活史、生長代謝過程，均受制於環境之溫度。大多數蚊種，生長的平均溫度約 25~27℃，在低於 10℃ 或高過 40℃ 的環境，發育將完全停止，且死亡率增加。蚊子一般對乾燥敏感，室內的蚊子常集中於有足夠濕度的棲息所，而外棲性蚊子多停留在近地面的植物上。適度的雨量再加以相當時間的日照，會使蚊子大量孳生。

三、習性

（一）熱帶家蚊

為夜行性蚊蟲，日間常棲息於室內特別是陰暗、潮濕處，室外陰暗處如：積水容器、水溝、水窪、化糞池、下水道、豬舍或草叢中，日落後陸續從棲息處飛出活動。在傍晚時，雄蚊常有群舞(Swarming)的現象，為其求偶行為，藉此雌蚊找到雄蚊進行交尾。交尾後的雌蚊尋覓吸血對象主要在夜間，午夜一至三點為吸血活動的高峰。雌蚊一次吸血量約 2~5 微升(μL)，為其體重的 2~5 倍。導引雌蚊吸血之因素包括：CO_2、酸性氣味、溫熱、濕度以及視覺，主要血源為人及鳥類，其他如牛、豬、狗、貓等。雄蚊及未吸血的雌蚊，一般以植物的汁液及其他碳水化合物維生。

熱帶家蚊是臺灣室內主要的吸血蚊種，曾在臺灣及澎湖、金門、馬祖等地區傳染班氏血絲蟲(*Wuchereria bancrofti*)，是傳播血絲蟲病、西尼羅河病毒、聖路易斯腦炎病毒、西部馬腦炎等的病媒。熱帶家蚊雌蚊白天喜歡於室內陰暗處，待夜間便開始活動吸血。每次吸血後可在水面上產 150~200 顆卵，是一種生活在腐植質的水域的蚊子，偏好產於室內風洞小的地方，如插花水瓶、盆栽積水盤、浴室、廚房水槽下積水處；戶外有機質高的積水處，如水溝、水窪、化糞池等場所。雌成蟲產卵時，在每一顆卵上會附有一小水珠，為產卵費洛蒙，可引誘同種蚊蟲產卵，所以在熱帶家蚊孳生源處附近的水域，常有大量的卵及幼蟲聚集。

(二) 尖音家蚊

雌蚊以吸血為生，尤其是人類的血液。雄性吸食花粉，花蜜和植物汁液。其生態、習性與熱帶家蚊相近。幼蟲孳生範圍甚廣，只要含有機質較多的水域或人工容器皆有存在，如汙水槽、水溝、下水道、積水防空洞、化糞池等。

(三) 地下家蚊

是都市化地區大樓內最常見之優勢蚊蟲。都會區地下化提供了地下家蚊適合的棲息場所，牠們平時棲息於建築物牆壁、柱子或器物等設施均，甚而停息在高度 2~3 公尺等處所；調查也發現，地下家蚊可飛出至建築物出水口或排水道周邊環境中，亦可隨電梯進入到各樓層中危害。在臺灣，一年四季均可發現牠們的蹤跡（秋、冬天更活躍）。

地下家蚊主要孳生於封閉的地下集水槽(Underground catch basins)與建築物內之給水、排水系統等小型封閉空間的環境。地下家蚊屬自育性(Autogeny)的蚊蟲，雌蚊第一次產卵不需要吸血也可完成產卵行為。

四、防治

環境防治往往是最有效、最持久之治本方法，包括孳生源清除、孳生環境改善，當環境衛生無法徹底做到時，只得利用化學防治，尤其當疫病流行時。蚊蟲的防治，一般以成蟲防治及幼蟲防治為主。

(一) 物理防治

1. 清除積水容器（孳生源)。以衛福部公布的「巡、倒、清、刷」的方式，多巡視、倒積水、清潔並刷洗容器，預防孑孓孳生，是預防的根本之道。
2. 使用有二氧化碳功能的捕蚊燈。
3. 居家環境中則可裝置紗窗，並於睡眠時使用蚊帳。

（二）化學防治

1. 使用比較有效的防蚊液產品，如敵避(DEET)、避卡蚋叮(Picaridin)、伊默寧(IR3535)等。
2. 使用適合一般家庭用的除蟲菊噴霧劑，或氣霧式殺蟲劑。
3. 使用蘇力菌(BTi)，針對戶外孳生源的區域進行噴藥，可破壞孑孓的腸道而使牠致命。
4. 在化糞池中孳生的孑孓，可於自家抽水馬桶中投入昆蟲生長調節劑，或陶斯松，可同時達到防治蛾蚋的目的。
5. 使用液體電蚊香、蚊香片、蚊香卷方式防蚊。正確且安全的方式是：將房間門窗緊閉，點上蚊香後人、畜離開，30 分鐘後再進入，把蚊香關掉或熄滅。

3-2 搖蚊的生態習性及防治

搖蚊俗稱草蚊仔，常被泛稱為搖蚊（搖蚊科）體長約 5 mm。成蟲會趨光，交配期會大量出現在半空中婚飛，場面十分壯觀。本種普遍分布全島，從平地至中海拔山區都可見。搖蚊飛行時翅膀振動每秒高達 1,000 次，堪稱世界第一。搖蚊對公共衛生的影響甚微，因搖蚊經常成群出現，故有時也會對人類造成滋擾。由於搖蚊的成蟲會被光所吸引，在人煙稠密的地方，假如附近有搖蚊的孳生地，這些地方便可能會受到搖蚊滋擾。此外，有些人在接觸搖蚊後會出現過敏反應。

一、特徵

搖蚊科（學名 Chironomidae），搖蚊俗稱草蚊仔常被泛稱為搖蚊，分類於長角亞目，搖蚊科，是雙翅目搖蚊總科之下的其中 223 個屬，超過 5,000 種的統稱。搖蚊體型纖弱瘦長，觸角柄節退化幾不可見，梗節發達，鞭節絲狀，口器短喙狀，無功能，不會吸血。胸部寬大，後胸背板有縱溝。足細長，休息時常舉起前足並不停地搖動，故名搖蚊。(搖蚊科）體長約 5 mm（不含翅長），體背綠色，翅短於腹部，前胸背板有 2 條褐色短縱線及 2 條側縱線，腹部各節端部具白色環紋，後半有 2 節白色環蚊較寬，各腳綠色，跗節白色具斑紋，前足特長腿節習慣後彎曲，脛節及跗節向前伸模仿觸角狀，翅膀透明，翅痣具褐斑。本種普遍分布全島，從平地至中海拔山區都可見。

搖蚊(*Chironomus plumosus*)

屬於搖蚊雙翅目搖蚊科 Chironomidae，不吸血，體長約 5 mm（圖 3-4)。世界性分布，遍及各大區。世界已知有 5,000 餘種，為一類十分常見且耐受性極強的水生昆蟲，在各類水體中均有廣泛分布，其數量占底棲無脊椎動物總數的一半以上，生物量占到水生底棲動物的 70~80%。

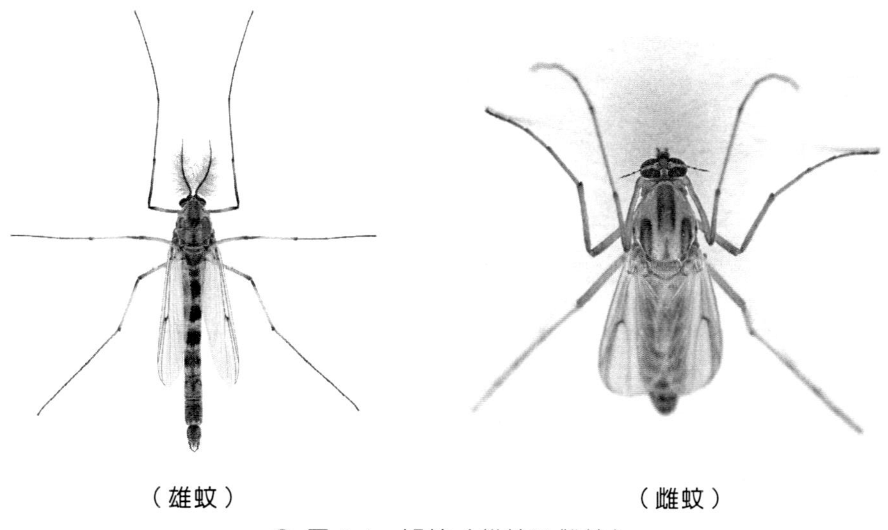

（雄蚊）　（雌蚊）

圖 3-4　搖蚊（雄蚊及雌蚊）

搖蚊族群數量眾多，在淡水水域生態平衡和養魚事業方面具有重要意義的昆蟲。體形屬微小至中型，與蚊蟲（蚊科）相似，多纖長脆弱，但大形的種類與蚊蟲相似，則較為粗壯。體色多樣，白色、黃色、淡綠色、黑色不等，可有鮮明的色斑。搖蚊體表不具鱗片，頭部相對較小，複眼發達，小眼面之間可生有小毛。不具單眼，其觸角柄節退化幾不可見；梗節發達呈球狀；鞭節為絲狀。口器退化。搖蚊的成蟲常被誤認為蚊子，原因是兩者的體型和外表十分相似。此兩種雙翅類昆蟲同屬雙翅目，故具有類似的特徵，但搖蚊卻被歸類為獨特的搖蚊科。搖蚊成蟲與其他吸血的節肢類動物病媒不同之處，是牠無刺吸式口器，因此稱為非刺人蠓。

二、生態

搖蚊是雌、雄異體。在溫暖的季節，淡水中食物豐富，雌搖蚊產的卵不需要受精，每次產卵幾枚至幾十枚，在母體的孵化囊裡直接發育成小搖蚊，這些小「搖蚊」通常都是雌的。搖蚊的幼蟲普遍稱為紅蟲。搖蚊可在許多不同的水生環境棲息，只有少數品種是在陸上生活。無論是流動的還是靜止的清水，或鹽水、大水體或小水體，搖蚊都可以在這些環境中生長。

搖蚊屬完全變態的昆蟲，經歷卵、幼蟲、蛹及成蟲階段。搖蚊成蟲幾乎不取食，或只攝食少量含有糖分的液體。夜間有強向光性，燈下常見。羽化後常有婚飛習性，雄成蟲成大群在清晨或黃昏群飛，雌蟲被吸引入群後即行空中交尾，常在數秒鐘內完成。雌蟲一生一般只產一次卵，直接產於水面，或將膠質卵帶黏附水生植物上。大部分搖蚊會產下卵團，而卵團藏於膠質鞘內，一般排列成直線或螺旋形狀，卵呈球形或長橢圓形，白、黃、褐色或紅色，產下時常數十粒至數百粒包埋于膠質中，形成膠質長帶，或成塊狀。卵期由數日至數週不等，但多數種類卵期皆很短。

幼蟲淡色，部分種類因體液中含有血紅素而身體呈血紅色（圖 3-5）。身體細長，各體節粗細相近。幼蟲期占據整個生活史的大部分時間，由 2 週至 4 年不等，一般為 4~5 月。幼蟲 4 齡，全部在水中度過（少數陸棲種類除外）。多數種類在水底的泥砂中生活，以唾腺分泌物黏附淤泥或砂粒等，建一軟薄的管狀巢筒，棲居其中，頭部伸出取食，食料包括沉積物中的有機物碎屑、藻類、細菌、水生動植物殘體等。部分種類鑽入水生植物組織中建巢。

環足搖蚊屬的一些種類則直接取食水生植物的葉片，成為典型的植食性種類。粗腹搖蚊亞科與部分搖蚊亞科的種類則為肉食性，捕食其他搖蚊幼蟲、寡毛類、小型甲殼類等。少數種類的幼蟲營寄生生活，寄生於其他搖蚊幼蟲、蜉蝣幼蟲、腹蟲類、雙殼類等動物的體內或體表。幼蟲棲居環境多樣化，包括底質為淤泥而含氧極少的汙水淺坑，各類池沼湖泊、含氧量較高的河流和山溪，以及一些頗為極端的環境，如鹽湖、溫泉、淺海沿岸等，均可有搖蚊生活。

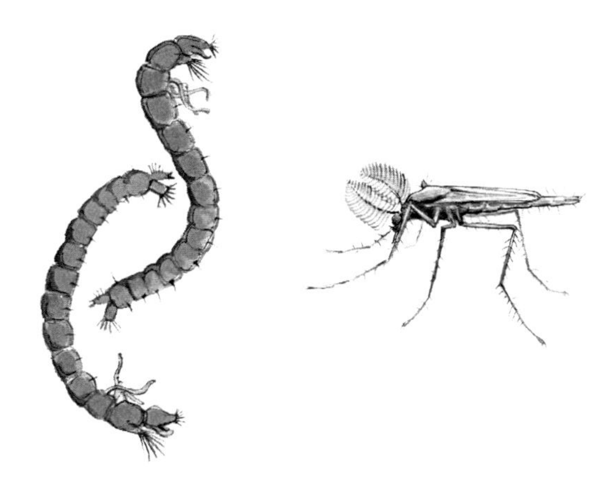

圖 3-5 搖蚊及其幼蟲（俗稱紅蟲）

少數種類的幼蟲生活於有機質豐富的土壤中。地理分布廣泛，從熱帶沼澤到極地，從低地到海拔 5,600 公尺的冰川積水中，皆有發現搖蚊幼蟲的報導。搖蚊幼蟲會棲息於通常含有較多有機物的水生或半水生環境，例如流動的溪澗、腐爛的植物、樹洞及人工水體。幼蟲為腐食性，以水底腐爛的碎屑為食，常棲身於水底藏身於固定的管道內，並在管道內或在附近一帶以過濾方式覓食。幼蟲的血液中含有血紅素，故全身呈血紅色，而這亦有助幼蟲在低氧環境中存活。由於此特點，幼蟲被普遍用作監測天然水水質的生物指標。

搖蚊幼蟲營養豐富，蟲體蛋白質含量為 41~62%，搖蚊幼蟲脂肪為 2~8%，熱量為 4 卡／克。搖蚊幼蟲可作為多種經濟水生動物的生物餌料，特別是在鱔苗、蟹苗的培育及稚鱉的飼養過程中，大量投餵搖蚊幼蟲，具有重要作用。搖蚊幼蟲能促進經濟動物幼體的生長發育，不會引起飼養池的水質汙染；殘存於飼養池中的搖蚊幼蟲，不會對養殖對象產生危害；其大量攝取水體中的有機碎屑，還具有淨化水質的作用。搖蚊幼蟲對沉積物中氨氮、總氮釋放具有明顯的促進作用。

搖蚊的蛹期一般較短，只有幾小時或幾天，蛹可自由遊泳，或棲於水底的巢筒中，只有在羽化前浮出水面。羽化過程極短，在水面進行，一般只有數十秒至數分鐘。

三、習性

搖蚊羽化為成蟲後生命短促，只為繁殖而生存。雌搖蚊產卵於水面（如水桶、池塘、儲水槽、湖泊），雌搖蚊可行孤雌生殖(Parthenogenesis)。搖蚊雄成蟲有群舞現象(Swarming)常見於傍晚的黃昏時刻。成蟲不取食，壽命約 10 天。汙染的水有助於搖蚊的繁殖、生長、發育。雌蟲會在空曠水域將卵堆置成塊狀或產於水生植物上。在臺灣，搖蚊大量出現的時節約在每年的 5 到 10 月份（夏季黃昏時）。

水質持續惡化也是搖蚊提前出現的原因之一。水體汙染嚴重，導致水中有機物的含量大大提高，微生物大量的繁殖，為搖蚊幼蟲提供的充分的食物，故搖蚊大量聚集，是水汙染加重的警示。搖蚊不是衛生害蟲，不傳播疾病，民眾不必恐慌。清除雜草、清理積水，即可減少搖蚊的孳生。搖蚊適宜在 15~25°C 的環境生長，每年的秋天是搖蚊繁殖高峰期，如果開春後持續高溫，達到搖蚊的氣候生長條件，也會提早半年出現高峰。

搖蚊對公共衛生的影響甚微，但搖蚊經常成群出現，故有時也會對人類造成滋擾。由於搖蚊的成蟲會被光所吸引，在人煙稠密的地方，假如附近有搖蚊的滋生地，這些地方便可能會受到搖蚊滋擾。此外，有些人在接觸搖蚊後會出現過敏反應。搖蚊對民眾造成的困擾包括：搖蚊屍體、點狀排泄物沾染戶外晾衣服、搖蚊闖進工廠、汙染紡織品、塑膠製品、製藥、食品加工業、搖蚊雄成蟲群舞現象造成交通事故、飛行中的搖蚊掉到眼睛內或鼻孔吸入造成過敏現象等。

四、防治

防治搖蚊的主要方法是清除其孳生地；另外，也可以設置阻隔設施防止搖蚊飛進室內地方。搖蚊的成蟲的防禦措施，如裝設防護網及小孔紗網等，均可阻擋搖蚊進入室內環境。由於搖蚊的成蟲受光源所吸引，在日落時分最為活躍，因此在該時段避免使用非必要的光源可在某程度上將滋擾程度減低。總括而言，搖蚊對人類的危害不大，但就我們的生態系統而言卻是重要的昆蟲族群。搖蚊的成蟲常在植物、遮蔽的沙隔和室內環境等處集體棲息，這些成蟲可用噴霧殺蟲劑殺死。

搖蚊幼蟲與蚊子幼蟲不同之處，是搖蚊幼蟲不需要在水面呼吸，而會攝取溶解在水中的氧氣，故不能用礦物油來使幼蟲窒息。由於搖蚊在幼蟲及蛹階段均屬水棲，減少其孳生源頭及治理水質可視為基本的防治措施。民眾應定期檢查排水渠，避免積水。倘無法清除有搖蚊存在的水體，則可用食蚊魚（大肚魚、孔雀魚）作為生態防治上的天敵。

若搖蚊成患，可在其棲息地點施用除蟲劑（例如除蟲菊酯）。殺蟲劑和殺幼蟲劑如蘇力氏桿菌均是控制搖蚊幼蟲生長的較佳方法。飲用水源之消毒，針對搖蚊幼蟲建議使用氯胺(24h LC_{50}: 0.51 mg/L)或硫酸銅(24h LC_{50}: 0.38 mg/L)。成蟲防治建議使用 1.5~3.0%馬拉松熱煙霧噴灑，幼蟲防治則建議使用 α-cypermethrin (Granule)或 Fipronil (Liquid)。

搖蚊之生物天敵：成蟲防治如蜻蜓、蜘蛛、青蛙、燕子及掠鳥；幼蟲及蛹之防治如蜻蜓之水生幼蟲（水蠆）、蝌蚪、大肚魚、孔雀魚等。

3-3 果蠅的生態習性及防治

果蠅(Drosophilid 或 Drosophilid fly)英文俗名 Fruit fly 或 Vinegar fly，果蠅屬於昆蟲綱(Insecta)，雙翅目(Diptera)，果實蠅科(Trypetidae)。果實蠅屬完全變態昆蟲。廣泛地存在於全球溫帶及熱帶氣候區，而且由於其主食為腐爛的水果，因此在人類的棲息地內如果園，菜市場等地區內皆可見其蹤跡。目前至少有 4,000 個以上的果蠅物種被發現。果蠅是小型蠅類動物，體長只有 1.5~4.0 mm。喜歡在腐爛水果上飛舞，所以人稱果蠅。實際上牠喜歡的是腐爛水果發酵產生出的酒氣味，所以酒發酵池附近也會招引來很多果蠅，古希臘人稱果蠅為「嗜酒者」。

果蠅常在腐爛的水果中生長和繁殖，在人群居住的地區常能見到，如腐爛的水果及蔬菜上、家中垃圾桶、食品釀造廠及某些廚房、火車、輪船甚至飛機上都可能見到牠們的蹤跡。在居家環境裡，如花叢中、腐草下、果園裡、菜園、林蔭樹上流出的汁液、公園內的腐爛樹皮、朽木、落葉以及肉質的真菌上（如木耳、蘑菇等），都可能見到果蠅的出沒。在居家環境中果蠅常扮演騷擾性昆蟲的角色。

一、特徵

果蠅屬於小型蠅類，體長 1.5~4.0 mm 間。蟲體以黃褐色者居多，也有些是黑色的。常見的果蠅類包括：黑腹果蠅(*Drosophila melanogaster*)、東方果實蠅(*Bactrocera dorsalis*)、瓜實蠅(*Bactrocera cucurbitae*)。

黑腹果蠅俗稱頻仔(Pina)或黃果蠅（圖 3-6）。雌性體長約 2.5 mm，雄性則較小。雄性腹部有黑斑(Black patch)，前肢有性梳(Sex combs)，而雌性沒有，雄性有深色後肢，可依此作為區別。黑腹果蠅頭部有一對大而多呈磚紅色的複眼，兩複眼內側有三對眼緣剛毛，複眼間的 4 頭中央微微隆起，形成一個單眼三角區，三個單眼的前下方生有一對單眼剛

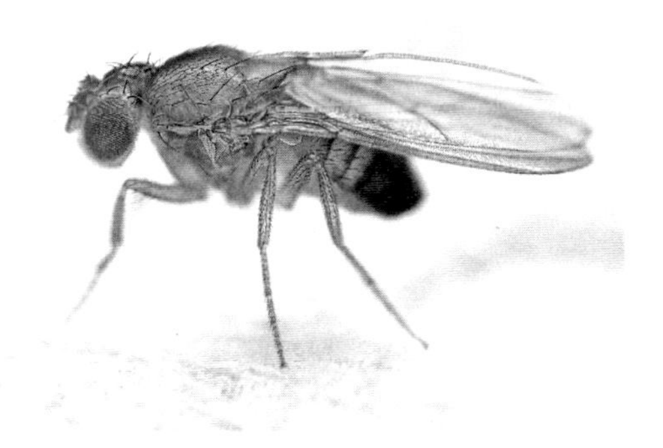

圖 3-6 黑腹果蠅

毛。觸角第三節呈橢圓形或圓形，觸角芒羽狀，有時呈梳齒狀，著生於兩複眼間的前下方。有些雄性的果蠅其前足的附節上常有成排的鬃毛，稱為性櫛。

東方果實蠅俗稱柑果蠅、柑小實蠅（圖 3-7），頭部黃褐色，複眼具青藍色金屬光澤；額面中央具一黑色圓紋，兩側各生刺毛三根，著生處各具一褐斑紋。胸部黑色密生黃色短毛，肩部之斑紋、中胸背板兩側之縱帶、菱形小楯板及後胸兩側之大部皆鵝黃色。翅透明前緣脈及臀脈具灰黑色縱紋。腹部黑褐色，第 2 腹節基部黑褐色，第 3~5 節中央有黑色縱帶。雄性腹部第 3 節後緣兩側具刺毛塊，雌性腹末有外露產卵管。雄性體長 6.5~7.5 mm，雌性 7.5~8.5 mm。

圖 3-7　東方果實蠅

瓜實蠅別名黃瓜實蠅、瓜小實蠅、瓜大實蠅、針蜂、瓜蛆（圖 3-8）。是一種外來害蟲，主要危害苦瓜、黃瓜、絲瓜、冬瓜等作物。瓜實蠅成蟲體長 8~9 mm，翅展 16~18 mm。褐色，額狹窄，兩側平行，寬度是頭寬的 1/4。前胸左右及中、後胸有黃色的縱帶紋；腹部第 1、2 節背板全為淡黃色或棕色，無黑斑帶，第 3 節基部有 1 黑色狹帶，第 4 節起有黑色縱帶紋。翅膜質透明，雜有暗黑色斑紋。腿節具有一個不完全的棕色環紋。

圖 3-8 瓜實蠅

二、生態

(一) 黑腹果蠅

黑腹果蠅是一種原產於熱帶或亞熱帶的蠅種，屬於完全變態昆蟲。牠和人類一樣分布於全世界，並且在人類的居室內過冬。黑腹果蠅的生活史：在 25°C 的實驗室觀察，卵期約 1 天，幼蟲 24 小時後就會第一次蛻皮，並且不斷生長，以到達第二幼體發育期，經過三個幼蟲發育階段和蛹期，在 25°C 的環境中，就會發育為成蟲。幼蟲期約 3 天，蛹期約 4 天，成蟲期約 14 天。

雌蠅可以一次產下 5 個 0.5 mm 大小的卵，總共約 400 個。果蠅卵有絨毛膜和一層卵黃膜包被，其發育速度受環境溫度影響。在 25°C 環境下，22 小時後幼蟲就會破殼而出，並且立刻覓食。因為母體會將牠們放在腐爛的水果上或其他發酵的有機物上，所以首要食物來源是使水果腐爛的微生物，如酵母和細菌，其次是含糖的水果。

黑腹果蠅幼蟲能在幾天內經由進食，從卵體大小(0.5 mm)長到正常形態大小(2.5 mm)，其間蛻皮兩次，所以可以將牠的幼體發育分成三個齡期。晚期三齡幼蟲從食物中爬出，尋找合適的位置並化蛹。化蛹的過程：幼蟲身體縮短，角質層與表皮逐漸分離成為蛹殼，經過四天的變態發育，最後破蛹而出，羽化為成蟲。

（二）東方果實蠅

東方果實蠅(Oriental fruit fly)屬完全變態，包括卵、幼蟲、蛹及成蟲等 4 個時期，雌蟲羽化後 7~12 天完成交配，並可開始產卵，其以產卵管將卵產於果實果皮內，每次產下約 4~10 個卵，平均一生約可產 150~200 個以上，成蟲壽命可達 2 個月。卵 1~2 天即可孵化（卵期冬季氣溫較低時可延長至 7~10 天），孵化後之幼蟲鑽食果肉，造成果實腐爛，幼蟲期約 6~10 天，共 3 個齡期，老熟幼蟲鑽出果實，彈跳到土裡 1~20 公分處化蛹。蛹期約 6~10 天，至成蟲羽化完成一世代。東方果實蠅為害至少 150 種寄主植物，大凡園藝作物如番石榴、楊桃、蓮霧、芒果、桃、梨及柑桔類等經濟作物皆深受其害，在臺灣一年四季都可見其蹤跡。

東方果實蠅俗稱蜂仔或果實蠅，長久以來被視為危害經濟果樹最為嚴重之害蟲，此類果實蠅於適宜環境下具高繁殖能力，短期內族群能夠迅速增長，造成寄主果實落果及腐爛，失去商品價值。

（三）瓜實蠅

瓜實蠅主要危害瓜類作物，農友稱之為「蜂仔」或「瓜仔蜂」。在臺灣，每年 4~9 月為肆虐高峰期。瓜實蠅屬於完全變態昆蟲，在臺灣一年可發生 5~6 個世代，雌成蟲欲產卵時才飛進瓜田，清晨及傍晚較活躍。

雌成蟲產卵於果蒂近處或裂果之果肉內，數粒或數十粒卵成一簇。卵期 2~4 天，孵化後之幼蟲即在果肉中蛀食維生，幼蟲期 4~18 天，老熟幼蟲會鑽出果實，並跳躍至適當地面，鑽入土中化蛹，蛹期在夏季為 7~8 天，冬季 27 天。成蟲羽化後產卵前期長達 3 星期以上，雌蟲一生產卵量最高可達 816~1,042 粒。孵化之幼蟲取食果肉而導致果實腐敗。瓜實蠅的發生在臺灣周年可見，4~9 月為高峰期。

三、習性

(一) 黑腹果蠅

黑腹果蠅是家庭，餐館和其他有食物的地方常見的害蟲。黑腹果蠅幼蟲的主要食物來源是使水果腐爛的微生物，如酵母和細菌，其次是含糖分的水果等。黑腹果蠅的生長發育受溫度的影響較大；黑腹果蠅在果園內發生的始見期和高峰期乃是根據果實成熟時間來確定。由於氣候、環境等因素的影響，每年發生的時間有一定的差異。

在家裡面，最常看到的小型蠅類，大概非黑腹果蠅莫屬了，黑腹果蠅通常出現在家居的垃圾桶或廚餘附近，具有喜好腐敗物質的特性，尤其是水果殘渣的發酵味道對其具有十分誘引性。由於黑腹果蠅蟲體較小，如果食物垃圾沒有完全密封，還是有被入侵的風險；加上牠們的繁殖力極高，世代極短（幼蟲發育時間在室溫下僅約 5~7 天），所以通常在家中看到的黑腹果蠅都是已經生活在家裡超過一個世代以上的個體，簡單來說，也就是住家主人自己養的。

(二) 東方果實蠅

東方果實蠅在臺灣一年可發生 8~9 個世代，其世代短，在南部幾無越冬現象，每天上午九時以後為活動時間，中午在林間樹蔭處休息，黃昏為交尾時間，雌蟲白天產卵於成熟的寄主果實的果皮內。卵孵化後蛀食果肉而成長。老熟幼蟲有弓身彈跳的習性，成熟幼蟲跳離寄主於附近乾燥土壤中化蛹。幼蟲取食果肉，造成果肉腐爛而落果，或使品質降低，外銷檢查不能通關等。蟲口密度消長在每年春末四、五月逐漸昇高，入冬一月份開始下降。

（三）瓜實蠅

瓜實蠅其體型與東方果實蠅類似，但是在一般能直視分辨的特徵上仍有差異，譬如在前胸背版上東方果實蠅有兩條黃色條紋，而瓜實蠅則有 3 條，在翅膀的部分，瓜實蠅的翅膀上有明顯翅斑，東方果實蠅則無。瓜實蠅的雌成蟲通常在雌花謝花後即前來產卵，卵產於瓜類果實的皮下，通常數顆卵或近 10 顆的卵成堆，受害之絲瓜、小黃瓜、扁蒲之幼果之表皮會有流膠的現象。卵孵化後，幼蟲在果實內取食，發育至老熟幼蟲時，則會跳離開果實，鑽入土表的土縫中進行化蛹。成蟲飛行能力很強，一般棲息於瓜園周圍的雜木、玉米植株或果園內，成蟲飛進瓜園內僅於取食和產卵時期，活動的時間多在清晨與黃昏居多。

東方果實蠅與瓜實蠅是臺灣最主要的瓜果類害蟲，每年造成臺灣重大的農業損失並嚴重影響農產品外銷。果實蠅雖然主要出現在果園、農田中，但偶也會被發現在市場甚至家中的水果上。這類昆蟲由於僅取食新鮮瓜果，有時可能會在買來的水果中發現幼蟲，但牠們其實並沒有太多醫學上的實際危害，即使不慎食入，也毋須過分擔心。

四、防治

常用的果蠅防治方法包括：物理防治、化學藥劑防治和寄生性天敵的應用，茲分述如下：

(一)居家型果蠅防治法

✡ 自製紙漏斗捕捉果蠅

選取一個高的罐子、酒瓶或汽水瓶，作陷阱底部→加入少許香蕉塊、果汁、蜂蜜或其他甜食以作為引誘果蠅的誘餌→用白紙或黃紙捲成一個錐形漏斗放在容器上→陷阱放置在廚房的水槽、垃圾桶或果蠅較多的地方→誘捕到的果蠅可用熱水將之燙死。

✡ 碗公陷阱捕捉果蠅

自備一個中型的碗→置幾塊不新鮮的、剝去皮的水果（香蕉或蘋果）→加入少許葡萄酒或水果醋搗碎拌勻→用保鮮膜將碗完全封住，用牙籤在保鮮膜上戳很多洞→陷阱放置在廚房的水槽、垃圾桶或果蠅較多的地方，並隔夜→處理捕獲的果蠅可置於微波爐微波 1 分鐘，或冰箱上層結冰處死。

✡ 使用除蟲菊精類水性殺蟲劑

自備幾個小型的瓶子→分別塞進幾個棉花球或衛生紙至瓶口高度→用除蟲菊精類水性殺蟲劑噴濕→放置在廚房的水槽、垃圾桶或果蠅較多的地方→驅除果蠅的效果佳。

(二)居家戶外環境果蠅防治法

✡ 物理防治法

屬於較費時費力的人工治法，是利用器械或其他各種物理方法捕殺、防避或消除病蟲害。常見的物理防治法包括：

1. 捕殺法：用手、鐵絲刺殺或以捕蟲網捕捉，或以黏紙黏捕等，例如一般家庭所用的捕蠅紙，捕殺果蠅的黃色黏紙，防治薊馬的白色黏板、藍色黏著帶等都是。

2. 誘殺法：利用 90%含毒甲基丁香油誘蟲燈或遮板，周年懸掛誘殺以降低族群。
3. 套袋法：目的是使害蟲害菌無法接觸到作物本身，最常用的有果菜和果樹的套裝，除可防治瓜果實蠅外，也可提高品質。果品 6 分熟時開始套袋，以防被產卵危害，套袋前應行藥劑處理再套袋。
4. 溫度處理法：目的是要使害蟲害菌無法生存繁殖，較常用的有利用日曬以消毀穀類、豆類等病菌蟲卵。一些病害或蟲害嚴重的植株則常予拔起或於收割後用火燒除。土壤病害或蟲害嚴重的地區，則可用燒土法或土壤加熱法也可得到很好的結果。
5. 施用誘殺燈、誘殺片、黃色黏板：目的降低果蠅族群減少其對果實的危害。此法效果最佳、副作用最小，且成本低、效益較高。
6. 落果或被害果處理：撿拾落果或被害果置於塑膠袋中並曝曬，以殺滅果粒中之幼蟲及卵等。採收後，盡速進行清園工作。

✡ 化學藥劑防治

1. 25%馬拉松可濕性粉 100 倍稀釋。
2. 80%三氯松可溶性粉劑 600 倍稀釋。
3. 40%撲滅松可濕性粉劑 150 倍稀釋。
4. 50%芬殺松乳劑 200 倍稀釋。

以上混合蛋白質水解物 100 倍稀釋，或以果實蠅偏好之果實，如番石榴之鮮果汁替代蛋白質水解物，自果實成熟前 2 個月或密度劇增時，每 7 天一次局部噴施。在果實 7~8 分熟時開始噴藥，每隔 7 天噴藥一次防治成蟲，效果佳。

✡ 寄生性天敵的應用

1. 卵寄生蜂：為目前國外最常應用的東方果實蠅天敵。其特性為寄生於東方果實蠅的卵，孵化後取食其組織並與東方果實蠅同時發育成長，直至寄生蜂羽化後始離開寄主體。
2. 幼蟲寄生蜂：以末齡東方果實蠅幼蟲為寄主，寄生後立即化蛹，甫孵化之幼蟲 寄生蜂 白色透明，在東方果實蠅蟲體內取食組織，幼蟲隨著成長充滿蛹殼內部，體內各處分散乳白色斑點，老熟後進入蛹期。
3. 釋放卵寄生蜂及幼蟲寄生蜂此兩種寄生蜂找尋東方果實蠅卵及幼蟲寄主，以其高寄生率自然立足繁殖，降低東方果實蠅數量，達到生態平衡，進而阻斷繁殖速度與擴散能力。
4. 卵及幼蟲寄生蜂可釋放於公園、路樹、廢棄果園或其他不易到達野生植物區域。
5. 格氏突闊小蜂，成蟲黑色，雌蜂以產卵管插入東方果實蠅蛹內，孵化之幼蟲於蛹內吸食果實蠅之蟲體而發育成長，至羽化後才離開，因此達成防治東方果實蠅的效果。

3-4 蒼蠅的生態習性及防治

蒼蠅(Flies)是雙翅目(Diptera)，環裂亞目(Cyclorrhapha)昆蟲之通稱。環裂亞目包括家蠅科(Muscidae)、麗蠅科(Callphoridae)、肉蠅科(Sarcophagidae)、果蠅科(Drosophilidae)、酪蠅科(Piophilidae)、蝨蠅科(Hippobosicidae)、食蚜蠅科(Syrphidae)、胃蠅科(Gasterophilidae)、皮下蠅科(Hypodermatidae)等科。

環裂亞目的昆蟲羽化時，蛹殼自前端形成圓環狀裂開，成蟲以其額囊(Ptilinum)推開蛹殼蓋而鑽出。蠅類觸角有三節，其第三節又稱端節，特別膨大，著生有長型之毛刺，稱之為端刺(Arista)。環裂亞目中最重要的科為家蠅科(Muscidae)。居家環境中常見的種類包括：普通家蠅(*Musca domestica*)、大頭金蠅(*Chrysomyia megacephala*)及紅尾肉蠅(*Scarcophaga crassipalpis*)。

蠅類被視為環境衛生害蟲，除了騷擾性、傳播疾病及帶給人們負面的印象外，蠅類也有可利用的一面，如協助溫室栽培的蔬果傳播花粉。大量收集成蟲及幼蟲可作為飼養雞、鴨的最佳飼料。幼蟲（蛆）是釣魚的最佳誘餌。蛆為天然蛋白質營養源，可食用。蛹含有豐富的甲殼素，可提煉成營養食品。法醫可以從死屍身上的蠅蛆齡期及活動情形，鑑定命案。蠅類也可被應用於科技試驗研究及化學毒性測試。

關於宋慈利用蒼蠅斷案是《洗冤集錄》裡的經典案例，相傳一名男子被人殺死，渾身有傷十餘處，經判斷都是鐮刀所傷。經宋慈查看發現家裡財物衣物具在，斷定這是一樁仇殺案。經過調查探訪，宋慈已經鎖定了嫌疑犯的所在區域。他讓附近居民交出家中所有的鐮刀，分別排列地上，總共有七八十支鐮刀。當時正值炎夏，結果很多蒼蠅都聚集在其中一把鐮刀上，停留不去，然後揪出了這把鐮刀的主人。宋慈說，蒼蠅嗜血腥味，這把鐮刀殺人後雖然已經洗乾淨，但是血腥氣仍在，持刀人不捨將鐮刀扔掉，導致蒼蠅聚集，而其他鐮刀則無此狀況，可以推斷這把鐮刀的主人曾經殺人的事實。證據已經找到，殺人者不得不認罪。

宋慈（西元 1186~1249），字惠父，南宋著名法醫學家，中外法醫界普遍認為是宋慈於西元 1235 年開創了「法醫鑑定學」，因此被尊為世界法醫學鼻祖。宋慈主要著作《洗冤集錄》，由其從事司法刑獄工作所積累之豐富驗屍經驗為基礎，並結合當時傳世的屍傷檢驗等書，加以綜合而成，對斷案具有極大的幫助（原文網址：https://kknews.cc/history/pep4z9e.html）。

一、特徵

蒼蠅屬，體型為小型到中型，觸角短，僅 3 節，末節末端有節鞭或末節背面有一根羽狀剛毛，稱為端刺。具一對複眼，三顆單眼。口器為舐吸式。前翅屬膜質；用來飛翔。後翅退化為平均棍(Halter)；位於前翅基部的翅瓣下。蒼蠅的足末端都有一對鉤爪和爪墊。像鉗子一樣的鉤爪，加上鋼硬的腳毛的配合，容易夾住物體及支撐身體。

居家環境中常見的蠅類，茲介紹如下：

(一) 普通家蠅(*Musca domestica*)

普通家蠅（圖 3-9），屬家蠅科(Muscidae)，英文被稱做 House fly，是眾所周知的蠅類代表，為一世界共通種；也是住家附近最重要之種類。體長約 6~7 mm，雌蟲較雄蟲大。雌蠅兩複眼為離眼式(Dichoptic)，雄蠅為和眼式(Holoptic)。胸背部具四條黑色縱紋為其特徵。生活史自卵至成蟲約 8~10 日，視溫度而定。普通家蠅的主要孳生地為垃圾堆、糞坑、廁所、畜舍、市場、廚房、餐廳、小吃攤、茶園或施用新鮮有機肥之果園等地。

圖 3-9　普通家蠅（雄蠅）

（一）大頭金蠅(*Chrysomyia megacephala*)

大頭金蠅廣布於東南亞，俗稱金蠅（圖 3-10）。胸背及腹背部具藍綠金屬光澤，複眼呈深紅色，雌蠅兩複眼為離眼式，雄蠅為和眼式。觸角及觸鬚為橘色。體長約 11 mm。為居家及社區環境中的主要蠅類。大頭金蠅喜沾食瓜果、腥臭物、糞便、植物性及動物性腐敗食物。常孳生於養豬場、屠宰場、魚市場、垃圾場及開放式糞坑。大頭金蠅多活動於室外，有時亦可發現於室內之垃圾筒附近。

圖 3-10　大頭金蠅（雌蠅）

大頭金蠅幼蟲具有食屍性，常應用於法醫昆蟲學領域，成為刑事偵破工作中判斷死亡後時間、死亡地點、死亡原因的生物證據。大頭金蠅也能為開花植物授粉。

（三）紅尾肉蠅(*Scarcophaga crassipalpis*)

紅尾肉蠅屬肉蠅科(Sarcophagidae)、肉蠅亞科(Sarcophaginae)，是最具代表性的種類。成蟲體長 9~15 mm，體灰色，前胸背有很清楚的 3 條黑縱線，腹背部有棋盤式黑白方格紋，複眼呈朱紅色；雌蠅的複眼為離眼式，雄蠅為和眼式（圖 3-11）。因其常聚集在腐肉上而得肉蠅之名。是可發現於屋內的大型蠅類。雌紅尾肉蠅交尾後，行胎生，直接產出一齡幼蟲，雌蠅每次可產下 30~60 隻幼蟲於肉類、動物排泄物或屍體上。幼蟲為食腐肉性，經 3~4 天可達三齡，4~5 天變蛹，10 天羽化為成蟲。紅尾肉蠅主要在室外活動，但有時亦常飛入室內舐食人類的食物、垃圾或排泄物。

圖 3-11 紅尾肉蠅（雌蠅）

二、生態

蠅類屬於完全變態的昆蟲，其生活史包括：卵、幼蟲、蛹及成蟲四階段。雌蠅一般產卵於腐敗的有機質上，形狀為乳白色似香蕉狀，長約 1 mm，幼蟲（蛆）身體呈細長圓柱形，前端尖後端圓鈍；前端有頭或退化內縮；口器不明顯，缺眼無足；後端有一對器孔供呼吸用；蛆可分為三齡，經由脫皮成長為一齡期；蛆喜歡潮濕。當蛆準備化蛹時，會鑽入土壤中，皮膚會縮成圓筒狀的褐色蛹殼，經 4~5 天後即可羽化為成蟲。成蟲羽化時，利用前額膨脹囊撐破蛹殼或穿出鬆土，等翅膀伸展變硬後即可飛行離開。

(一) 卵

形似香蕉的卵長約 1 mm，呈乳白色或淡黃色，雌蠅將成團的卵產於腐敗的物質，此物質潮濕但並非液體，由發酵腐爛的物質提供養分。從產卵到卵孵化所需的時間視溫度而定，在 35℃ 最少需 6~8 小時，低於 13℃ 則不孵化。

(二) 幼蟲 (蛆)

大部分蠅類藉脫皮而將蛆區分為三個齡期。蛆體呈細長圓柱狀，前端較尖後端較圓鈍，無副器 (圖 3-12)。一、二齡及三齡前期軀體呈半透明，但化蛹時則呈白色或淡黃色，三齡末期的蛆稱為前蛹。蛆有一既小又堅硬的前口鉤，用於取食及移動；末端有兩塊硬化的骨板，看起來像一對黑色的眼睛，為其呼吸用之氣孔，提供蛆氧氣。

圖 3-12 蒼蠅幼蟲 (蛆)

蛆受氣味的誘引取食，牠們較喜歡 35℃的溫度及高濕度 (一齡幼蟲濕度要高於 97%)，且有迴避光線的習性。當第三齡幼蟲停止取食並變成前蛹時，會遷移至陰涼乾燥的地方，如垃圾堆及糞便表面或側面，通常聚集數百或數千個前蛹。從卵孵化至幼蟲化蛹所需時間視營養而定，在適合的環境下(35℃)最少需要 3~4 天。

(三) 蛹

當蛆準備化蛹時，其外皮緊縮並形成圓筒狀的蛹殼（圖 3-13），前 2 小時蛹柔軟並呈白色或黃色，然後逐漸呈淡棕色至深棕色，當表皮硬化時則幾乎呈黑色。在真正的蛹形成前，蛹殼內有一隱藏短小的四齡幼蟲。從圍蛹時期直到成蟲羽化所需時間依據濕度、溫度而定，一般最少需要 3~4 天。

圖 3-13 蒼蠅的圍蛹

(四) 成蟲

當成蟲在圍蛹內形成後，則利用前額膨脹的囊，弄破圍蛹末梢的前端伸出兩對翅膀，然後很快的爬出。初羽化的成蟲軀體很柔軟，呈淺灰色且不能飛。利用前額囊能夠打出路徑，通過厚層的鬆土或其他不太硬的物質。成蟲需 1~7 小時才能讓牠的翅膀運用自如，剛羽化不能飛，但具活動力的成蟲對重力及光線有明確的反應，引導牠們向上並朝黑暗的地方休息。

年輕的成蟲再翅膀伸張後才開始取食，雄蟲羽化後最快需 18 小時，雌蟲需 30 小時後，能在適當溫度下交尾。雌成蠅能分泌一種費洛蒙(Muscalure)，它能吸引雄蠅也能吸引雌蠅，雌蠅一生只交配一次，雄蠅則可交配多次。

家蠅的壽命在夏天可活 2~4 週，但在秋、冬季可活約 3 個月，在臺灣一年約可繼代 20~22 代。

表 3-2 家蠅在不同溫度下各發育期之發育時間（天）

發育期	35℃	30℃	25℃	20℃	16℃
卵	0.33	0.42	0.66	1.1	1.7
幼蟲	3~4	4~5	5~6	7~9	17~19
蛹	3~4	4~5	6~7	10~11	17~19
產卵前期	1.8	2.3	3.0	6.0	9.0
總和	8~10	10~12	14~16	24~27	45~51

三、習性

蒼蠅的食性非常複雜，屬於雜食性蠅類，可以取食各種物質。蒼蠅常有搓摩前腳（第一對足）的這種行為，在其生活上具有重要的意義；蒼蠅不僅口器附近，連腳尖都有味覺器官，腳的褥盤上具有與口吻處同樣 30~300 微米(μm)的毛狀感覺器（味覺器），一停在物體上，就能以這個味覺器官感覺食物味道。因此，蒼蠅經常摩搓其腳，就是要把褥盤上的垃圾搓掉；褥盤會分泌出黏液，能助其停止於玻璃窗或天花板上。

蒼蠅對於糖、醋、氨味、腥味具有極強的趨向性。蒼蠅會在糞便、傷口、痰及潮濕腐化的有機物（如食物、蛋及屍體）上覓食。蒼蠅只可以吃流質食物。牠們會吐口水在固體食物上進行初步消化，接著將之吮入。牠們也會吐出部分消化的食物，將之吮回到腹部。蒼蠅的食物量很大，取食時要吐出嗉囊液來溶解食物，其習慣是邊吃、邊吐、邊拉。在食物較豐富的情況下，蒼蠅每分鐘要排便 4~5 次，因為蒼蠅從進食處理、吸收養分一直到將廢物排出體外，只須 7~11 秒；因此，使牠們成為病原體的攜帶者。雖然牠們一般被限於家居環境，但也可以飛越繁殖地以外的好幾公里；成蟲間續飛行距離可達 4~6 公里之遠。蒼蠅的活動習性為日間活躍，於夜間休息。

家蠅之所以成為居家環境之重要衛生害蟲，主要由於：

1. 體軀多毛，易被細菌附著，口器之唇瓣亦易被細菌汙染。足端之爪間墊多毛，且可分泌一種黏液增加帶菌之能力，其內部構造，如消化道之嗉囊亦可能儲存細菌或病原體。
2. 飛行距離遠，常往來於垃圾堆、糞坑、廁所、畜舍、廚房及餐廳間。又其喜以腳擦面抹身，使細菌滿布全身，加上其取食習性嘔吐、嘔點及到處排糞的習慣，更增加了其媒介病菌的潛能。普通家蠅的振翅約 200~300 次／秒，速度約 6~8 公里／小時，活動範圍可達距離孳生源 100~500 公尺。

四、防治

大量的蒼蠅出現在人類的公共場合及公共場所會對人們造成嚴重的騷擾。蒼蠅的糞便會在居家內、外造成汙斑，會帶給人們在情緒上有負面的影響及連帶有不衛生的印象。蒼蠅能夠傳播的疾病包括：

1. 腸道感染：如痢疾、腹瀉、傷寒、霍亂及寄生蟲感染，可經由普通家蠅和大頭金蠅傳播。
2. 眼睛感染：如砂眼、流行性結膜炎，可經由二條家蠅傳播。

3. 皮膚感染：如雅司病、皮膚白喉、黴菌病及癩皮病，可經由普通家蠅傳播。
4. 傳播病毒：如小兒麻痺症、腸病毒，可經由普通家蠅傳播。
5. 傳播錐蟲：如伊氏錐蟲，可經由廄刺蠅傳播。

蠅類常伴隨人類之生活，其活動及孳生與家居環境有著密切的關聯性，因此，在家蠅類之防除工作上，唯有改善環境衛生外別無他法，亦即環境防除法(Environmental control)。治標或緊急防治時才採用化學防除法(Chemical control)，此法雖然經濟、速效但卻有許多後遺症，諸如造成環境汙染、蠅類產生抗藥性及環境藥劑殘留等問題。

蠅類的防治；包括環境管理、居家管理及化學藥劑處理，茲介紹如下：

(一) 環境管理

1. 廢棄物之處理：工廠有機廢棄物勿開放堆積，須裝入密閉之容器內，社區垃圾桶亦須加蓋，餐廳、飯店之垃圾、廚餘亦須妥善包裝、封口，若無法每天清除應設置特定冷藏庫暫存，待垃圾車之載運，避免暴露而招引蠅類孳生。
2. 動物及人類排泄物之處理：由於排泄物常存在許多病原體，往往由於蠅類之媒介而對公共衛生形成莫大的威脅。因此對動物糞便應定期清除，或在糞池上做適當之加蓋。
3. 避免積水：保持溝渠暢通避免汙水累積。作好排水系統以免汙水滲流於窪地及浸滲土壤中孳生蠅類。
4. 庭院腐植物之清除：庭院中樹木、草坪修剪後之枝葉，勿任其堆放腐敗而招引蠅類。

5. 慎用有機肥料：避免使用新鮮之有機肥，如魚骨、獸骨、油籽餅，以腐熟後再使用為宜。有機農業種植蔬菜、瓜果，大量使用雞糞為有機肥，在撒水後即引發蠅類發生，為當地之環境衛生帶來嚴重為害。
6. 垃圾處理：垃圾分類不落地，有機廢棄物、生、熟廚餘分開處理製作堆肥或餵豬，勿採露天傾倒堆積，避免成為蠅類孳生的大營本。另在新鮮垃圾上覆蓋至少 15 公分厚之泥土，可大幅減少蠅類之繁殖。

(二) 居家管理

1. 裝設紗窗紗門阻隔蒼蠅入侵。
2. 大門入口處裝設聯動式空氣簾。
3. 於房舍、餐廳或工廠入口處設置「ㄣ」型彎曲暗走道。
4. 在牆壁暗處裝設捕蠅燈，利用光線引誘蟲蠅，誘使蟲蠅靠近滅蠅燈燈管，使昆蟲接觸高壓電柵欄或黏蠅紙，致其電死或黏住，達到殺滅目的。

(三) 化學藥劑處理

1. 殺幼蟲劑：通常噴灑藥劑以乳劑、水懸劑及液劑為宜。噴灑的量必須能涵蓋孳生源上層 10~15 cm 的範圍。有時使用粉劑或粒劑亦可。最近昆蟲生長調節劑(IGR)亦被用來作幼蟲的防治，對雞糞產生的蠅蛆其防治效果甚佳。
2. 成蟲棲息所之殘效噴灑：殘效噴灑主要係噴灑於蠅類棲息之處所。其成效端視選用之劑型（水懸劑較乳劑為佳）、噴灑表面的種類（粗糙表面、光滑表面或鹼性表面）、溫度（高溫時效果會降低）、濕度、日光照射情形等因素影響很大。施藥的時機一般為在蠅類族群未達高峰以前最佳，可預防其成蟲族群迅速增加。

3. 浸藥之蠅帶：由於蠅類喜停留於稜線、木條、電線等上面，故利用此一習性，將藥劑浸於繩索上，作為誘殺成蠅的方法，尤其在動物房舍、雞舍、市場、商店等不宜噴灑藥劑之處所。
4. 毒餌：毒餌係殺蟲劑加上蠅類之誘餌調製而成。主要是有機磷劑及氨基甲酸鹽類之殺蟲劑，加上餌料如蔗糖、蜜糖、爛水果、魚粉或加上蠅類費洛蒙引誘劑（如 Muscalure）等。
5. 空間噴灑：室內隻空間噴灑常用之藥劑為除蟲菊精，或合成除蟲菊精。此類藥劑之擊昏效果甚佳，對其他動物毒性低，但價格昂貴。室外之空間噴灑通常使用煙霧法、超低容量噴灑法或水霧噴灑法。其作用為暫時性、立即性的驅殺蠅類。
6. 直接噴灑蠅群：以殺蟲劑直接噴灑蒼蠅聚集之處，如市場垃圾集中處、垃圾筒、垃圾車等處，亦可有效減少蠅類。

3-5 隱翅蟲的生態習性及防治

隱翅蟲科（學名 Staphylinidae，英語 Rove beetle），又名隱翅甲科，是鞘翅目多食亞目之下的一類甲蟲的通稱，也是鞘翅目中物種豐富的一科。日常生活所稱的隱翅蟲係指本科物種。隱翅蟲鞘翅極短，因其翅藏匿於前翅之下而不易察覺而得名。隱翅蟲科下分 14 亞科 900 餘屬，超過二萬個物種，廣布世界各地。大多數種類狀似白蟻，體長約 5.0~10 mm。

隱翅蟲主要在每年的夏季出沒，但由於臺灣屬於亞熱帶，氣候變化比較不明顯，加上最近溫室效應引起的氣候變化，在四月初已經可以見到隱翅蟲的出沒。隱翅蟲科部分物種的體液具有毒性，其中最具代表性的是毒隱翅蟲屬，在臺灣常見的為褐毒隱翅蟲(*Paederus littorarius*)；其成蟲與幼蟲可分泌毒素引起皮膚炎，已被列為是一種衛生害蟲。

一、特徵

褐毒隱翅蟲(*Paederus littorarius*)體長約 4.0~5.5 mm，身體為橘黃色，頭、胸及尾部為鐵青色，俗稱「青螞蟻」(圖 3-14)。

圖 3-14 褐毒隱翅蟲（青螞蟻）

褐毒隱翅蟲的前胸及腹基部為黃色。胸部背面有 2 對翅，前翅特化為鞘翅，短且堅硬，比前胸背板大，呈黑色，帶有青藍色金屬光澤，後翅膜質，靜止時迭置鞘翅下。胸部具有 3 對足，全身被覆短毛。足黑褐色，後足腿節末端及各足第 5 跗節均黑色。腹部特徵長圓筒形全裸，可見 8 節，前 2 節被鞘翅所掩蓋，末節較尖有黑色尾鬚 1 對。前腹部藍黑色，有光澤鞘翅所覆蓋。雄蟲第 8 節腹板後緣中央有一深的凹缺，雌蟲沒有此一特徵。

隱翅蟲素並不會分泌在毒隱翅蟲的體表，而是在身體破裂時才有可能將隱翅蟲素釋放出來，因此只有在將毒隱翅蟲打死並讓皮膚沾染到毒隱翅蟲的體液，才會發生隱翅蟲皮膚炎。成蟲體內具有隱翅蟲素

(Pederin)，為其體內共生的假單胞菌合成所產生的一種「醯胺」，它可以有效地抑制 DNA 的合成，並阻斷細胞的分裂導致細胞死亡。皮膚接觸到隱翅蟲素會引發皮膚刺痛、紅腫、水泡等症狀，稱為隱翅蟲皮膚炎 (Paederus dermatitis)。隱翅蟲不會螫刺或叮咬人，因此只有被擠壓時才會釋放含有隱翅蟲素的體液；這種毒素與皮膚接觸後會造成相當程度的疼痛、發炎並起水泡。隱翅蟲素被攝入體內或注射到血液中時可能會引發過敏性休克或致命。

二、生態

隱翅蟲的發育為完全變態，生活史包括卵、幼蟲（兩齡）、蛹和成蟲。在臺灣地區一年約發生 4~5 代；卵期 3~19 天；幼蟲二齡，1 齡幼蟲 4~22 天，2 齡幼蟲 7~36 天；蛹期 3~12 天。一個世代為 22~50 天，平均約 30 天。

(一) 卵

近球型，大小約 0.6 mm，剛產出時呈灰白色，逐漸轉為淡黃色或黃色。

(二) 幼蟲

為柄式幼蟲，3 對胸足發達，體形細長，圓錐形。頭部為紅褐色，幼蟲分二齡，一齡 2.5 mm，頭大呈圓錐狀，二齡 4.0~6.5 mm，體較均勻。幼蟲主要孳生於潮濕之爛草堆與腐植質中，初孵幼蟲較活躍，四處爬動，尋找獵物；二齡幼蟲較遲鈍，多活動在稻叢基部或土面，獵食小蟲。

(三)蛹

被蛹(離蛹),淡黃色,長 4.5~5.0 mm。初化蛹淡黃白色,頭部大於腹部,近羽化時頭部和腹部末節黑色,老熟幼蟲多在稻叢基部或腐木下化蛹。

(四)成蟲

剛羽化的成蟲不甚活躍。成蟲有多次交配習性,交配不久即產卵。在鄉村地區卵散產於土表、稻叢基部等處,雌蟲每日產卵 2~8 粒,產卵期較長,一生產卵 100 粒左右。

三、習性

隱翅蟲成蟲喜潮濕,行動敏捷,活動範圍很廣,農田、雜草地、灌木叢都是其活動和覓食的場所,能捕食鱗翅目幼蟲、蚜蟲、葉蟬、飛虱、薊馬、捲葉蟲和螟蟲及雙翅類等 20 多種作物害蟲,通常被視為益蟲,但食性可因環境的變化而不同。成蟲也會取食腐敗物質,例如腐肉、糞便、菌類、腐爛水果等。

隱翅蟲成蟲白天多棲息在陰暗潮濕的地方,包括濕地、湖邊、池塘、水溝、雜草叢、石頭下、果園、水稻、玉米等作物田與樹林中等處,晝伏夜出,夜間喜群集繞著燈飛翔,夏、秋兩季最常見。隱翅蟲的生性活躍,跑動迅速,善飛翔,如遇驚擾立即逃逸,尤其是陰雨或濕熱的天氣或棲息處受到騷擾時,牠的活動性會更加劇烈,大量成蟲被驅趕出來。在鄉村地區之稻子收割期,因棲地受到擾動,藏匿於田中的隱翅蟲便會飛出來,而與人類產生接觸。隱翅蟲成蟲對光有正趨性,夜間會飛到有亮燈的住宅區或校園宿舍,並鑽過紗窗而與人類產生接觸;或接觸在公園、校園或野外活動的民眾。成蟲飛入室內後多停留在牆壁較高的位置和屋頂,而剛羽化的小個體隱翅蟲則落在地下和牆角處。

隱翅蟲主要在每年的夏季出沒，在四月初已經可以見到隱翅蟲的出沒。隱翅蟲常在晚上會飛到有燈火的地方，可輕易穿過居家紗窗，潛入住家侵害人體；侵害之部位主要以沒有衣物遮蔽的曝露部位為主。隱翅蟲皮膚炎的流行和蟲體的生活習性有很大的關係。此蟲喜好棲息在草叢或樹林中，所以受害者以山區、農村或郊區居民為主；近來由於都市綠化的結果，都會地區的病例亦不在少數。

四、防治

隱翅蟲並不會螫人，隱翅蟲皮膚炎的發生乃因接觸到隱翅蟲的體液，含有的刺激性物質「隱翅蟲素」(Pederin)，接觸 10~15 秒就反應，會感到劇烈灼痛，造成皮膚的起泡及潰爛。隱翅蟲在人皮膚上爬行會從蟲體關節腔中分泌出體液（也富含隱翅蟲素），當蟲體被打死捻碎時，其體液（毒液）大量濺出，患者之手不慎沾到毒液再去碰觸皮膚，會將毒液散布開來而引起廣泛的病灶，而引起皮膚病變，造成線狀的病灶（線狀皮膚炎，Dermatitis linearis）（圖 3-15）。其體液若是碰觸眼睛周圍時，會造成更嚴重的刺痛與腫脹，接著在 1~2 天內出現水泡、膿泡及潰爛；在醫療照護下傷口會在 3~4 天乾涸，6~7 天落屑痊癒，色素沉著約在 2 週至 1 個月內消失。

目前隱翅蟲只有防治之道，並沒有撲滅牠的好方法，關鍵在於避免接觸，盡可能就是不要前往濕地、森林、草原、果園、農田等地區郊遊、宿營、過夜，若逼不得已居住在附近，最好採取防護措施。隱翅蟲之好發季節為夏、秋季，通常在天氣熱且下雨的季節會較嚴重，再加上除草後的干擾，隱翅蟲便會出沒，而有接觸人體之機會。隱翅蟲好發於農村、城郊或校園，附近之民眾或學生可採取下列之預防措施：

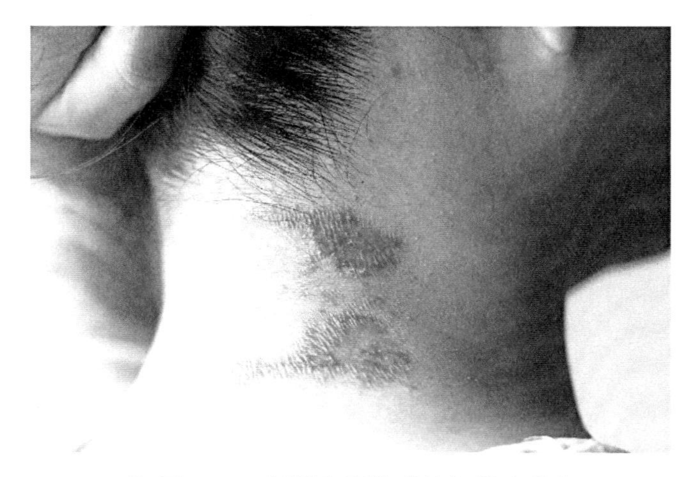

圖 3-15　隱翅蟲素造成的線狀皮膚炎

1. 清除可能孳生隱翅蟲幼蟲之雜草、枯技、落葉、爛木頭等。
2. 以殺蟲劑塗刷紗門、紗窗、門縫、牆壁，可防治成蟲入侵室內。
3. 在隱翅蟲發生流行季節，體質特別敏感者，可於皮膚裸露部位塗抹或噴灑 DEET 等防蟲忌避劑。
4. 在燈光底下如發現有隱翅蟲停留在皮膚上，應輕輕的將蟲體吹趕走；或將蟲體抖落地上，用鞋把蟲體踩死。
5. 皮膚如已被隱翅蟲毒液沾染，呈現隱翅蟲皮膚炎症狀，速以清水溫和沖洗病灶，迅速就醫。
6. 全身症狀嚴重者，可用抗組織胺；皮膚廣泛受損者，可小量用腎上腺皮質激素治療。

課後複習

1. 下列哪一個品種的蚊子在臺灣的秋、冬天很活躍，是近年入侵臺灣的外來種？(A)熱帶家蚊　(B)尖音家蚊　(C)地下家蚊　(D)以上皆是。
2. 下列哪一個品種的蚊子，在臺灣被認為是日本腦炎(Japanese encephalitis virus)傳播的潛在病媒之一？(A)熱帶家蚊　(B)尖音家蚊　(C)地下家蚊　(D)以上皆是。
3. 下列哪一個品種的蚊子，曾在臺灣及澎湖，金門、馬祖等地區傳染班氏血絲蟲(Wuchereria bancrofti)，是傳播血絲蟲病、西尼羅河病毒、聖路易斯腦炎病毒、西部馬腦炎等的病媒？ (A)熱帶家蚊　(B)尖音家蚊　(C)地下家蚊　(D)以上皆是。
4. 家蚊雌成蟲的口器是由幾根針所組成？(A) 2 根　(B) 3 根　(C) 6 根　(D) 8 根
5. 雌蚊叮咬人，一次吸血量約多少微升(μL)？(A) 2~5　(B) 5~7　(C) 10~15　(D) 12~20。
6. 下列何者是導引雌蚊吸血之因素？(A) CO_2　(B)酸性氣味　(C)溫熱　(D)以上皆是。
7. 熱帶家蚊飛行時，每秒振翅次數可以高達幾次？(A) 395 次／秒　(B) 595 次／秒　(C) 800 次／秒　(D) 1,000 次／秒。
8. 雌熱帶家蚊每次吸血後可在水面上產下多少顆卵？(A) 100~120　(B) 150~200　(C) 250~300　(D) 550~800。
9. 下列哪一個品種是都市化地區大樓內最常見之優勢蚊蟲？(A)熱帶家蚊　(B)尖音家蚊　(C)地下家蚊　(D)以上皆是。
10. 下列哪一個品種的蚊子，可行孤雌生殖(Parthenogenesis)？(A)熱帶家蚊　(B)搖蚊　(C)地下家蚊　(D) 以上皆是。

11. 搖蚊飛行時，翅膀振動每秒高達幾次，堪稱世界第一？(A) 395 次／秒 (B) 595 次／秒 (C) 800 次／秒 (D) 1,000 次／秒。

12. 下列哪一個品種的蚊子，其幼蟲被普遍用作監測天然水水質的生物指標？(A)搖蚊 (B)地下家蚊 (C)熱帶家蚊 (D)以上皆是。

13. 在臺灣，每年的何時是搖蚊的繁殖高峰期？(A)春季 (B)夏季 (C)秋季 (D)冬季。

14. 下列何種生物是搖蚊之生物天敵？(A)青蛙 (B)蜻蜓 (C)蝌蚪 (D)以上皆是。

15. 下列何種果蠅是水果類經濟作物的主要害蟲，在臺灣一年四季都可見其蹤跡？(A)黑腹果蠅 (B)東方果實蠅 (C)瓜實蠅 (D)以上皆是。

16. 下列何種果蠅是家庭，餐館和其他有食物的地方常見的害蟲？(A)黑腹果蠅 (B)東方果實蠅 (C)瓜實蠅 (D)以上皆是。

17. 下列何種果蠅是在家裡面最常看到的小型蠅類，通常出現在垃圾桶或廚餘附近？(A)黑腹果蠅 (B)東方果實蠅 (C)瓜實蠅 (D)以上皆是。

18. 下列何者是可行胎生的蠅類？(A)普通家蠅 (B)大頭金蠅 (C)紅尾肉蠅 (D)黑腹果蠅。

19. 下列何種蠅類，常被應用於法醫昆蟲學領域？(A)普通家蠅 (B)大頭金蠅 (C)東方果實蠅 (D)黑腹果蠅。

20. 雌紅尾肉蠅交尾後，可產下多少隻幼蟲於肉類、動物排泄物或屍體上？(A) 10~20 隻 (B) 30~60 隻 (C) 80~90 隻 (D) 120~150 隻。

21. 蒼蠅的活動範圍可達距離孳生源約多少公尺？(A) 5~10 (B) 15~25 (C) 30~50 (D) 100~500。

22. 普通家蠅和大頭金蠅可傳播下列何種疾病？(A)痢疾　(B)霍亂　(C)寄生蟲感染　(D)以上皆是。
23. 普通家蠅的飛行速度約有多快？(A) 6~8 公里／小時　(B) 6~8 公尺／小時　(C) 60~80 公里／小時　(D) 60~80 公尺／小時。
24. 普通家蠅飛行時，翅膀振動每秒約高達幾次？ (A)200~300 次／秒 (B) 395 次／秒　(C) 600~800 次／秒　(D) 1,000 次／秒。
25. 採用掘坑之衛生掩埋，應在新垃圾上覆蓋至少公分厚之泥土，可大幅減少蠅類之繁殖？(A) 5 公分厚　(B) 10 公分厚　(C) 15 公分厚 (D) 30 公分厚。
26. 夏季常發生的線狀皮膚炎大部分是由下列何種昆蟲所引起的？(A)褐毒隱翅蟲　(B)紅尾肉蠅　(C)大頭金蠅　(D)東方果實蠅。
27. 在臺灣，隱翅蟲的大發生多發現在哪一個季節？(A) 春季　(B) 夏季　(C) 秋季　(D)全年發生。
28. 隱翅蟲的食性為何？(A)草食性　(B)捕生肉食性　(C)雜食性　(D)嗜血性。

CHAPTER 04

居家常見的木類害蟲

本章大綱

前言

居家常見的木類害蟲主要有家天牛及蛀木蟲。家天牛是木材和具木質結構建築物的重要害蟲，是對乾燥軟木最具威脅的毀滅性害蟲，夏季是其交配、產卵季節，防潮措施是防治的首要。蛀木蟲是各種鑽木甲蟲的幼蟲，從卵孵化為幼蟲後以木材為食，期間會鑿建若干通道，牠們只有在化蛹和長為成蟲後，才會從木材中現身，在木材表面留下很多特徵孔洞，牠們常常把完好的竹、木組織破壞成細粉。常見的蛀木蟲種類有粉茶蛀蟲、長蠹蟲及雙鉤異翅長蠹蟲。

家天牛及蛀木蟲的幼蟲，此類害蟲在城市環境中，會對居住房產造成巨大的破壞。此類幼蟲成熟需要 3~4 年，在木材內食用木材並開鑿通道，在木頭表面附近化蛹後，成蟲打出直徑為 1~1.5 mm 的出口孔。孔洞周圍如有木屑，則表明被此類害蟲侵擾過。由於此類幼蟲期持續數年，因此，在該階段，發展為成蟲的實際時間取決於木頭類型、溫度和濕度；值得注意的是某些蛀木蟲是生態系統的關鍵組成部分，能幫助循環利用枯樹。當然，也可能因大量木類害蟲導致森林中流行病的發生，導致大量樹木死亡。

4-1 家天牛的生態習性及防治

「天牛」英文名 Longhorned beetles，如中文名指牠是有如牛般的犄角，因牠頭上有一對長長的觸角，其力大如牛，善於在天空中飛翔，因而得天牛之名；又因牠發出 “Long-ca, long-ca” 之聲，其聲很像是鋸樹之聲，故被稱作「鋸樹郎」，臺語稱之「牛角歪」。

家天牛 (*Stromatium longicorne*) 俗稱長角家天牛，屬於昆蟲綱 (Insecta)、鞘翅目(Coleoptera)、天牛科(Cerambycidae)。臺灣早期的民眾住家以木造房屋及木建築較常見，所以在住家較容易發現天牛入侵，故稱為家天牛（圖 4-1）。家具嚴重受害時會導致木材承受力減低，容易折斷，造成經濟損失。家天牛被認定是房屋、家具、建築物的大害蟲。體長在 15~30 mm 之間。

圖 4-1 家天牛（長角家天牛）

一、特徵

成蟲上翅特化成硬鞘，叫做「鞘翅」，膜質的下翅摺收在鞘翅下。長角家天牛體長約 15~30 mm，體色為暗褐色至黑色，前胸略呈球形，翅鞘上具有不明顯的縱脊且表面散布著不均勻的小顆粒突起，雄蟲的觸角末 5 節超過翅鞘末端，雌蟲的觸角最末節超過翅鞘末端。有發達的咀嚼式口器，有一對強壯的大顎。全都是植食性昆蟲。觸角通常由 11 節組成，第 1 節膨大，常呈長鞭狀，有的觸角可達身長 2~3 倍。本種是居家環境常見的種類，全年皆可發現，夜行性且具有趨光特性，成蟲的食性不明，其卵為尖橢圓形，幼蟲會危害乾燥的木材，如早期的木造房屋及家具常被蛀食，但由於現在木造房屋及平房已很少見，因此也很少出現在人們居住的水泥屋子裡，較常見於野外平地，幼蟲的寄主植物為相思樹、茄苳。

長角家天牛的體色以暗褐色和黑色居多，身上密布黃褐色短毛，翅鞘上散布著小突起。雄蟲頭部及前胸較大，觸角較長，前胸側腹方有一灰白色大斑。雌蟲腹端稍有外露部分，並常將產卵器外伸。通常雄蟲的觸角都比雌蟲長；雄蟲觸角長度約體長 2 倍，雌蟲則與體同長。大部分種類的天牛皆具有像浪板狀構造的發音器。

二、生態

天牛的生活史是經卵－幼蟲－蛹－成蟲四個階段，屬於完全變態的昆蟲。成蟲有趨旋光性，盛產於 5~8 月間，雌成蟲產卵於樹木莖幹或枯木中，一次可產卵 100~200 粒左右，卵期約 8~12 日。幼蟲期一般為 2~3 年一代，幼蟲會蛀食各種闊葉樹的樹木纖維，包括家具和建築用材；幼蟲在木門框、床板、木櫃、屋樑上蛀食，形成不規則的坑道，內塞滿木粉，為害時發出“Zhi-a, zhi-a”的聲音。

天牛幼蟲在野外的寄主植物多數為及茄苳樹。幼蟲在樹幹或枝條上蛀食，在一定距離內向樹皮上開口作為通氣孔，向外推出排泄物和木屑幼蟲老熟後，築成較寬的蛹室，兩端以纖維和木屑堵塞，在其中化蛹。蛹期 10~20 天。

三、習性

天牛是人們熟知的一類昆蟲。很多人在孩童時期，曾經捕捉到或觀察到天牛，對它們發生興趣。有趣的是當你抓住它時，會發出 "Ga-zhi, ga-zhi" 聲響，企圖掙脫逃命。天牛一般以幼蟲或成蟲在樹幹內越冬。成蟲羽化後，有的需進行補充營養，取食花粉、嫩枝、嫩葉、樹皮、樹汁或果實、菌類等，有的不需補充營養。成蟲壽命一般 10~60 天，但在蛹室內越冬的成蟲可達 7~8 個月，雄蟲壽命比雌蟲短。成蟲活動時間與複眼小眼面粗、細有關，一般小眼面粗的種類，多在晚上活動，有趨光性；小眼面細的種類，多在白天活。

天牛主要以幼蟲蛀食，生活時間最長，對樹幹危害最嚴重。當卵孵化出幼蟲後，初齡幼蟲即蛀入樹幹，最初在樹皮下取食，待齡期增大後，即鑽入木質部為害，有的種類僅停留在樹皮下生活，不蛀入木質部。幼蟲在樹幹內活動，蛀食的隧道形狀和長短隨種類而異。幼蟲在樹皮或枝條上蛀食，在一定距離內向樹皮上開口作為通氣孔，向外推出排泄物和木屑。

四、防治

防治方法涵蓋較廣，包括；加強園林管理、運用天敵、人工捕殺、藥劑防治及家具維護。茲介紹如下：

（一）加強園林管理

1. 用生石灰塗白：用生石灰 10%，硫磺粉 1%，食鹽 0.2%，牛膠（預先熱水融化）0.2%，水 30~40%，或加殺蟲劑（敵百蟲）0.2%，調成塗白劑。防治星天牛時塗於樹幹，從根莖到離地面 30 cm 處進行塗白。
2. 包紮噴藥：用編織袋或麻袋，裁成 20 cm 寬的帶子，纏繞樹幹 2~3 圈，在編織袋、麻袋上噴藥。也可在植株主幹處從根莖到離地面 50~100 cm 處包上棕櫚片或棕毛，再噴藥。天牛成蟲若在棕毛上產卵；這些卵都將無法孵化。

（二）運用天敵防治

保護和招引天敵；天牛有許多捕食和寄生天敵，如啄木鳥、喜雀等鳥類，踵腿蜂等寄生蜂，螞蟻、蜘蛛、壁虎和寄生線蟲等，應加以保護利用。

（三）人工捕殺

本方法僅適用於樹枝低矮、產卵刻槽和低齡幼蟲危害狀較明顯的花木種類，如：

1. 捕殺成蟲：在臺灣，每年 5~8 月是天牛成蟲盛發期，成蟲一般停息在樹上，或低飛於林間時，可在此時進行檢查並捕殺成蟲。
2. 捕殺天牛產於枝幹上的卵和低齡幼蟲。

（四）藥劑防治

藥劑間隔 5~7 天噴園林或誘餌樹幹 1 次；每次噴透，使藥液沿樹幹流到根部。使用的藥劑包括：

1. 菊酯類農藥：如 2.5%溴氰菊酯（敵殺死）、2.5%三氟氯氰菊酯（功夫）、5%高氰戊菊酯（來福靈）、5%高效氯氰菊酯（高效滅百可）、20%氰戊菊酯（速滅殺丁）、20%甲氰菊酯（滅掃利）1,000~4,000 倍液、40%菊馬合劑、20%菊殺乳油和 25%菊樂合劑 2,000 倍液等。
2. 有機磷農藥：如 90%敵百蟲晶體、80%敵敵畏、40%氧化樂果、50%殺螟松、50%甲胺磷、40%久效磷、50%辛硫磷、50%水胺硫磷、40%殺撲磷、48%樂斯本（毒死蜱）800~1,000 倍稀釋液及 10%吡蟲啉 5,000 倍稀釋液等。

（五）家具維護

1. 塞樟腦丸：在蟲道內塞入大小的樟腦丸 2~4 粒（預先切成 25~30 個小塊）。
2. 灌注 20%氨水或汽油：用滴管或廢舊醫用注射器除去金屬針頭滴注，於每一蛀道注入 10~20 mL。
3. 塞 56%磷化鋁片劑：磷化鋁片劑吸水後會釋出的磷化氫氣體，對蛀道內天牛有劇毒的熏蒸作用。

4-2 蛀木蟲的生態習性及防治

蛀木蟲是各種鑽木甲蟲的幼蟲，它們常常把完好的竹、木組織破壞成細粉。常見的蛀木蟲種類有褐粉蠹蟲、雙鉤異翅長蠹蟲及常見家具蠹蟲。蛀木蟲在生物分類學上的位階是；動物界／節肢動物門／昆蟲綱／鞘翅目下之完全變態的昆蟲，生命週期可由 1~6 年不等。蛀木蟲是木材和具木質結構建築物的重要害蟲；是對乾燥軟木最具威脅的毀滅性害蟲，在夏天尤其活躍；所以被歸類為是「木材檢疫害蟲」。

木蠹蟲又稱蛀木蟲或粉蠹蟲(Powder-post beetle)，其名稱源於被蛀蝕之木材會有圓形蟲孔，及排出如粉末般的排遺，一般稱為蛀蟲。蛀木蟲經常匿藏於進口家具木材、木質品內。粉蠹蟲常危害線板（裝飾用的板材）、角材、夾板、木地板；及各種木製雕刻、家具等。很多人在家裡發現了木蠹蟲的蟲孔（圖 4-2），都以為是被人為破壞而造成的圓孔，因為太圓了。等到圓孔數量越來越多，伴隨木蠹蟲粉末狀的排遺遽增，才驚覺到蟲蛀的問題。一般而言，木材的水分含量(＜15%) 是控制建築物內蟲害的關鍵。由於維護不善，一些蟲害在建築物中得到促進寄生、繁殖的機會。

圖 4-2　木蠹蟲的蟲孔

一、特徵

常見的蛀木蟲種類包括：褐粉蠹蟲、雙鉤異翅長蠹蟲及常見家具蠹蟲等，茲介紹如下：

（一）褐粉蠹蟲(*Lyctus brunneus*)

屬粉蠹科(Family Lyctidae)，英文名 Powder-post beetle，體型細長而扁。成蟲體長介於 2.7~8.0 mm，體表呈紅棕色、暗黑色或紅黃色，體表平滑或具微毛。成熟的幼蟲最長不超過 5 mm。幼蟲主要取食闊葉木，像是橡樹、胡桃木、槐樹、白楊樹、梧桐和桉樹，但也有取食竹子的紀錄。在室內為害竹木器及家具。粉蠹科蠹蟲生活史通常達 2 年，在理想狀況下，幼蟲可以在 7~8 個月內發育成熟，最多一年。幼蟲期對木材為害最嚴重（圖 4-3），幼蟲會在木材表面下啃食，直到成蟲羽化後才會鑽出一個小洞，但成蟲也有可能回頭啃食同一塊木材。成蟲為夜行性，白天躲在木頭的洞穴或縫隙處，晚上會飛出來，且有趨光性。產卵前期為 2~3 天，產卵期持續 7~14 天，前 7 天每天產 10~20 顆卵。卵發育的時間則視環境條件而異，從 7~21 天不等。

圖 4-3　被褐粉蠹蟲幼蟲為害的木材

褐粉蠹蟲體長約 4.0~6.5 mm，體型扁長；體呈褐色或深褐色；頭部伸出前胸背板外，清楚可見；觸角 11 節，末兩節膨大；前胸背板前端寬、後端窄，中間有一條狹長的凹陷；全身布滿極細的短毛；末端無截面，呈圓弧面下垂狀。成蟲的複眼呈黑色，略突出；頭部和前胸背板密被金黃色細毛；前胸背板近長方形，前端寬而後端狹，背面微有刻點；有時，可見前胸背板的顏色明顯較翅鞘為深；鞘翅較長，覆蓋極短的細毛，上有數條縱列的微細點刻，兩側近乎平行，末端呈圓弧形下垂；腹部共 6 節，第 1 腹節明顯比其他各腹節長許多（圖 4-4）。

圖 4-4 褐粉蠹蟲成蟲

（二）雙鉤異翅長蠹蟲(*Heterobostrychus aequalis*)

屬長蠹科(Family Bostrichidae)，英文名 False powder-post beetle。體型屬小至中型；呈長、橢圓或扁平。體長約 1.5~50 mm 不等，多數介於 2.0~20 mm 間。體表色黑，有黃色、紅棕色等陰影變化，少數為帶有藍色金屬光澤斑紋的紅色或黃色。表皮有稀疏至稠密或疏密不均的微細至鱗片狀的剛毛。本科幼蟲多半為木蠹蟲，都從木材中得到所需的澱粉養分。通常為害林木、木材、家具及建築原木等（圖 4-5）。

圖 4-5 被雙鉤異翅長蠹蟲幼蟲為害的家具

雙鉤異翅長蠹蟲是一種在臺灣常見的蛀蟲，體型較一般常見的蛀蟲略大，從正上方看下去，長約 6.0~13 mm，寬約 2.0~3.5 mm，全身呈深褐色偏黑（圖 4-6），蛀蝕木材的能力極強，會嚴重危害竹、木、藤材以及它們的製品。

圖 4-6 雙鉤異翅長蠹蟲成蟲

（三）常見家具蠹蟲(*Xestobium rufovillosum*)

屬竊蠹科(Family Anobiidae)，英文名 Anobiid。體型凸出、延長及橢圓呈卵形或球形，體長約 1.1~9.0 mm。體表呈褐色或黑而亮，有些種類會有由各式剛毛或鱗片組成的輕微斑點。表皮的細毛或平貼或豎立，有些種類的細毛會聚集在一起（圖 4-7）。幼蟲鑽在樹皮、乾木、樹枝、種子、堅果、蟲癭內部及蕈類中，但很少出現在新生枝條或幼芽中。有些種類會對家具、木造房舍、書本裝訂處及竹木材造成危害。成蟲到了交配季節，會用頭頂敲擊前胸背板前端，發出聽得到的滴答聲，以 7~11 次的滴答聲為一個重複，老祖宗們將這種聲音視為一種瀕死的凶兆，因此又被稱為「報死蟲」(death-watch beetle)或「翻死蟲」。

常見家具蠹蟲屬於 Anobiidae 家族。英文名稱 Common furniture beetle，要存在於家具結構木材和細木工木材的邊材中。常見家具蠹蟲的幼蟲會鑽入邊材，然後化蛹成甲蟲，當成蟲離開木材時，稱之為出口孔或飛行孔，重新開始其生命週期。這種蛀蟲在一般家庭的木材中最為普遍（圖 4-8）。

圖 4-7　常見家具蠹蟲成蟲

圖 4-8　常見家具蠹蟲成蟲所造成的出口孔

二、生態

（一）褐粉蠹蟲

褐粉蠹蟲的生命週期會隨外在溫、濕度的高低產生變化；在木材內，木材的水分含量與澱粉含量也會影響其生命週期。因此，在某些木材內，從卵產下，經過幼蟲、蛹、成蟲階段直到老死約需 2 個多月的時間，而每年可產 4 代。褐粉蠹蟲的雌成蟲喜歡在木、竹、藤材及其製品的隙裂縫內產卵，牠們會在縫內咬出一個不規則的「產卵窩」，隨後將卵產於窩內；由於是分散產卵，所以不易被發現；產卵期 1~2 週，每日約產 10~20 粒。褐粉蠹蟲的卵呈乳白色半透明橢圓狀，長約 1.0~1.4 mm，前方略尖，一端有絲狀物突出。剛孵化的幼蟲呈細長的"I"字形，長不及 1.0 mm。褐粉蠹蟲的幼蟲呈乳白色，體型圓胖，向腹部彎曲呈"C"字形，前段明顯較中段及後段粗曠，體壁呈褶皺狀，體寬約 3~4 mm，體長最長約 6 mm（老熟時），體節有 12 節；身體前端有 3 對腳。幼蟲會啃食較乾燥的木、竹、藤材及其製品；由於消化系統無法產生纖維素酶，因此僅能啃食樹木的邊材，尤其喜歡澱粉含量高的硬木邊材。

褐粉蠹蟲的幼蟲是危害木、竹、藤材及其製品的主角之一，牠們潛伏在寄主物件內的時間非常長，蛀蝕速度緩慢；因此，以一間裝潢好的房子來說，屋主大概可以平安渡過前面 2~3 年，通常發現粉蠹蟲的粉末大約會是在 3~4 年後，那一刻起，就有可能常常看到粉蠹蟲的成蟲在室內出沒，而幼蟲則幾乎不會出來見人。褐粉蠹蟲的幼蟲老熟後，會在蛀蝕的隧道末端化蛹；因此，成蟲羽化後，鑿出的洞很可能就是隧道的末端，這對防治時的判斷很重要。成蟲會啃食較乾燥的木、竹、藤材及其製品；剛羽化的成蟲，其實都已性成熟，牠們會鑿洞爬出是為了找尋交配對象，交配後，即能在數日內完成產卵之繁衍後代的任務。

（二）雙鉤異翅長蠹蟲

雙鉤異翅長蠹蟲的雌成蟲喜歡在木材、竹材或藤的隙裂縫內產卵，牠們會直接鑽進隙裂縫內，先咬出一個不規則的產卵窩，之後將卵產在產卵窩內；每次產卵 25~37 粒左右，卵期 10~15 天。卵呈乳白色，長約 1.0~1.2 mm，橢圓狀，前方略尖。初齡幼蟲會在樹幹的導管內蛀蝕，由表皮蛀進邊材，蛀入深度可達 7 cm 深；期間所形成的隧道呈圓筒狀，直徑約 6 mm，長度則不盡相同，有的會長達 30 cm，但慢慢會形成數條隧道並排狀，有的形成和導管平行的坑道，有的則彎曲互相交錯在一起。由於幼蟲無法消化纖維素、木質素，所以蛀蝕這些東西時，最後會變為「粉末」排出體外，並緊密堆積在隧道內；雙鉤異翅長蠹蟲所蛀的粉末較粗。隧道內的粉末排遺量多時，粉末會從直徑約 2~5 mm，深約 10~15 mm 的圓形蛀孔內被推出；由於幼蟲期粉末不太會被排出洞外，粉末通常是由成蟲以鞘翅截面推出洞外，所以危害狀況在幼蟲期不容易被發現。

雙鉤異翅長蠹蟲的幼蟲期約 2 個月左右，老熟後，會在蛀蝕的隧道末端化蛹。蛹期約 9~19 天，春季開始會進入羽化盛期。初羽化的成蟲呈乳白色，此時體壁仍呈柔軟狀，大約一天後才會轉硬，色澤也跟著變暗。羽化 2~3 日後，成蟲會開始蛀蝕木材表面，形成一個直徑約 2~5 mm 的圓形小孔洞（其鑿洞技術精良，非常圓），因有粉末被排出，所以孔洞很容易即可發現；嚴重時，會看到被啃食整排的狀態。雌蟲喜歡在木、竹、藤材及其製品的隙裂縫內產卵，牠們會在縫內咬出一個不規則的「產卵窩」，隨後將卵產於窩內；由於是分散產卵，所以不易被發現。一般而言，活動中之雙鉤異翅長蠹的成蟲壽命僅約 2 個月左右，一年會發生 2~3 個世代；在臺灣，氣候溫熱，所以幾乎全年都能看到牠們的蹤跡，也就是幾乎沒有「冬眠」現象。

（三）常見家具蠹蟲

常見家具蠹雌蟲交配後在粗糙岩石表面的裂隙中集中產下 3~4 粒卵。蟲卵為白色橢圓形，2~5 週內孵化。雌蟲一生中可產 40~60 粒卵。幼蟲呈白色，被細毛覆蓋。它的頭部呈黃褐色，下顎呈深褐色，呈鉤狀或新月形，留在木材內，在木紋上下穿行，偶爾穿過木紋進入新的邊材生長環。成熟的常見家具蠹蟲幼蟲長約 6.0 mm，牠會向木材表面挖洞，形成一個略微擴大的沒有鑽孔灰塵的小室，就在木材表面下方。在房間裡，從幼蟲變成蛹，蛹期約 2~8 週。成蟲體長約 3.0~5.0 mm（雌性通常較大），呈紅棕色到深棕色。前胸或胸部呈兜帽狀，從上方看幾乎完全隱藏了頭部。成蟲階段僅持續 2~3 週，在此期間不會進食，此時牠所做的唯一損害是形成出口孔。常見家具蠹蟲生命週期的長短取決於木材的種類及其狀況以及溫度和濕度水平。在室內它可以存活大約 3 年。

三、習性

蛀木蟲的成蟲白天躲藏在木材的洞穴或隙縫內，屬於夜行性，晚上會爬出洞穴飛往它處；通常具備趨光性，所以會飛往有光的地方，飛行速度緩慢。蛀木蟲喜歡生活在陰暗、安靜的環境內，尤其害怕震動或被人碰觸，只要受到外來震動或碰觸，經常會裝死幾秒鐘後再逃離。

蛀木蟲的幼蟲會進食木材及木製品（澱粉質），部分品種之成蟲更會在石膏、塑膠或軟金屬的物品上鑽孔。長大後的成蟲會由蛀孔口（圓形、橢圓形或 D 字形）出走。依不同品種之蛀木蟲，牠們會進食不同之硬木或軟木。蛀木蟲幼蟲會在進食木材後會排出粉狀排泄物，故有粉蠹蟲之稱。眾多品種當中只有竊蠹蟲科(Anobiidae)能消化纖維，其他品種則只能將纖維直接排泄出體外。蛀木幼蟲能生活在木材內由數月到數年不等，牠們倚靠吸取木材內之澱粉質。木材被蛀木蟲所侵害的洞口直徑一般為 0.8~3.0 mm，依不同品種而定；雌性蛀木蟲會在同一木材上產卵，繼續其生命週期。受蛀木蟲嚴重入侵的木材會像被子彈打到一樣；都是蛀孔口及粉狀物。

（一）褐粉蠹蟲

褐粉蠹蟲的成蟲具有趨光習性，在室內，經常會在天花板的燈罩或間接照明天花板的燈管處常可發現其蹤跡，但通常為其屍體。通常在室內看到木、竹、藤材及其製品周圍有粉末掉落時，不要立即清除粉末，可沿著粉末垂直往上找尋，因為上方會有一個蛀孔，裡面潛藏有褐粉蠹蟲；這些粉末可能是成蟲鑽出洞時掉落，粉量會只有一點點；若粉末多到呈丘狀隆起，那就是被粉蠹蟲陸續掃出洞外的粉末，粉末越多，代表該處被蛀蝕的嚴重度越多。

（二）雙鉤異翅長蠹蟲

雙鉤異翅長蠹幼蟲在樹木導管內取食，因幼蟲只能消化木材細胞內的物質，其他如纖維素、半纖維素、木質素均不能消化，最後變為粉末排出體外並緊密堆積在子坑道（蛀道）。由表皮到邊材，蛀道長度不一，逐漸向外擴展及形成和導管平行的子坑道，有數條排列在一起，彎曲並互相交錯，蛀道的橫截面呈圓形。蛀食初期難以被發現，蛀孔口圓形、垂直，直徑約 6 mm，深可達 7 mm，此蟲有群集性，故受侵害的木材表面會有多蟲孔。

也會飛行，具弱趨光性，習慣於夜間或昏暗時活動，白天通常棲息於木材內，不太現身。成蟲現身時，其實都是為了交配或產卵，牠們幾乎是一直生活在木、竹、藤材內部，甚至越冬，所以通常能看到的成蟲數量並不多，但若用力拍打被危害的物件，部分成、幼蟲會隨排遺粉末從洞口掉落。由於成蟲能飛行，所以在室內會飛到任何有木作裝潢處產卵，櫃子內、木床板下、天花板上，都必須注意！

（三）常見家具蠹蟲

常見家具蠹蟲的隧道橫截面是圓形的，每個直徑可達 2.0 mm。鑿隧道的工作全年進行，幼蟲後面的隧道部分鬆散地充滿了由咀嚼的木頭和糞便顆粒組成的鑽孔灰塵／碎屑。這些顆粒被不同地描述為橢圓形和檸檬形。在夜間，有時候會聽到木頭家具發出聲音？因為有蛀蟲！常見家具蠹蟲成蟲會以頭撞向木材去發出敲聲，目的是與同伴溝通及尋找伴侶。

四、防治

蛀木蟲是一種較難處理的害蟲。一般用作建築的材料、家具及木製裝飾品等原料要詳細檢查，避免使用可能受蛀木蟲感染的木材原料。住家環境需經常保持清潔，將枯樹及廢木清走。在每一個階段的木材加工處理如木材場、木材製廠、家具製造廠到建築施工場地都必須提供相應的保護措施。移除或銷毀建築物，特別是木材製廠周圍或附近已枯死的樹木、毀廢棄的木材和木製品。實用的防治方法包括未遭受蛀木蟲感染的木製家具、建材的保護措施，及發現已受感染的木材、木製品的化學處理方法，茲介紹如下：

（一）木製家具、建材的保護措施

大部分的蛀木蟲入侵方法都是透過木材、家具、鑲板或地板等進入室內，故最好的檢查時間應由建築或裝修前期開始。若已加工的木材出現蛀木蟲，可能是原木材已被蟲卵感染，或是已由蛀孔飛出的成蟲回到蛀孔口內產卵，故在任何情況下，若木材表面出現孔口，都必須將孔口填好。蛀木蟲一般只會在未作加工處理的木材上產卵，而一些已經上油漆、光漆或上蠟的木材則不易發生。可以桐油、蟲膠漆、亮光漆或光油等保護木材，將木材表面的裂縫和洞口填平以防止蛀木蟲產卵。

（二）化學處理受感染的木材

1. 可將受感染的木材移出及火化；若情況不許可，則可以水劑（合成除蟲菊類）處理。
2. 針孔注射法：利用針筒將除害劑注入被蛀穿的木製品內，此方法除能有效滅治害蟲同時又可減少除害劑用量。
3. 選擇處理蛀木蟲的除害劑作木面處理，劑型以乳化劑(Emulsifiable concentrate)為佳，因乳化劑能滲入木材內；適合處理蛀木蟲。
4. 熏蒸是最有效去消滅蛀木蟲的方法，包括溴甲烷熏蒸處理及熱處理（56°C 持續 30 分鐘以上），應在木材熏蒸後便進行上漆或塗上合適的除蟲劑。

課後複習

1. 長角家天牛雄蟲觸角長度約體長的幾倍？(A) 2 倍 (B) 2.5 倍 (C) 3 倍 (D)與體同長。
2. 長角家天牛雌蟲觸角長度約體長的幾倍？(A) 2 倍 (B) 2.5 倍 (C) 3 倍 (D)與體同長。
3. 在臺灣，長角家天牛的族群發生期是在哪個季節？(A) 2~3 月間 (B) 5~8 月間 (C) 9~11 月間 (D)全年皆發生。
4. 在臺灣，長角家天牛幼蟲在野外的寄主植物多數為下列何者？(A)相思樹 (B)榕樹 (C)臺灣欒樹 (D)以上皆是。
5. 下列何者可為長角家天牛的天敵？(A)螞蟻 (B)蜘蛛 (C)壁虎 (D)以上皆是。
6. 木材的水分含量多少是控制建築物內蟲害的關鍵？(A)＜15% (B)＜25% (C)＜35% (D)＜50%。
7. 常見家具蠹蟲成蟲到了交配季節，會用頭頂敲擊前胸背板前端，發出聽得到的滴答聲，以幾次的滴答聲為一個重複？(A) 3~5 次 (B) 5~7 次 (C) 7~11 次 (D)連續 12 次，間歇 3 重複。
8. 下列何種蠹蟲的幼蟲羽化 2~3 日後，成蟲會開始蛀蝕木材表面，形成一個直徑約 2~5 mm 的圓形小孔洞（鑿洞技術精良，非常圓）？(A)褐粉蠹蟲 (B)雙鉤異翅長蠹蟲 (C)常見家具蠹蟲 (D) 以上皆是。
9. 下列何種在臺灣常見的蛀木蟲，會嚴重危害竹、木、藤材以及它們的製品？(A)褐粉蠹蟲 (B)雙鉤異翅長蠹蟲 (C)常見家具蠹蟲 (D)以上皆是。

10. 下列何種蠹蟲的幼蟲會鑽入邊材，然後化蛹成甲蟲，當成蟲離開木材時，稱之為出口孔或飛行孔，重新開始其生命週期？(A)褐粉蠹蟲 (B)雙鉤異翅長蠹蟲 (C)常見家具蠹蟲 (D)以上皆是。

11. 在臺灣，下列何種蠹蟲的發生在一般家庭的木材中最為普遍？(A)褐粉蠹蟲 (B)雙鉤異翅長蠹蟲 (C)常見家具蠹蟲 (D)以上皆是。

12. 褐粉蠹蟲的幼蟲危害木、竹、藤材及其製品時，通常大約是在幾年後才會發現粉蠹蟲的粉末釋出及成蟲在室內出沒？(A) 1 年 (B) 2~3 年 (C) 3~4 年 (D) 5 年以上。

13. 常見家具蠹蟲的隧道橫截面是圓形的，每個直徑約多寬？(A) 1.0 mm (B) 2.0 mm (C) 6.0 mm (D) 7.0 mm。

CHAPTER 05

廚房、浴室、廁所常見的害蟲

本章大綱

前言

家中廚房、浴室、廁所或水槽附近的牆面，或其他陰暗、潮濕、不通風的角落，常會發現有一些小小黑黑停住不動的蟲，翅膀圓圓呈黑灰色或帶有一些白色斑點，靜靜貼在牆上不動，如果您擾騷牠們，即會飛起來，但很快就又停下來。還有一種小蒼蠅，在家中到處飛來飛去，不是停靠在碗盤的邊緣，就是停靠在食物上，數量多時其實滿困擾的。毛絨絨的蛾蚋，常常讓人搞不清楚牠到底是「蛾」（鱗翅目）還是「蚋」（雙翅目）？蛾蚋體表上的毛絨具有防水、防沾黏，使牠可以安然棲息於潮濕環境。

在廚房常見的小小蒼蠅，色澤偏黑或深咖啡，帶點駝背的體形，遇到驚嚇會先跳離再飛走，看似慌張，走行速度明顯較蒼蠅快，牠到底是蚤蠅？還是果蠅？傻傻分不清楚！在臺灣，一般住家常見的室內飛蟲主要有蛾蚋和蚤蠅，這二種飛蟲總困擾著居住在大樓或公寓的住戶。由於大樓、公寓地下室通常都設有汙水池，年代較久的住宅還存在有化糞池，這些結構體內經常就是這些飛蟲最好的孳生處。

5-1 蛾蚋的生態習性及防治

蛾蚋又稱蠅蝶(Mothfly)、排水管蠅(Drain fly)、過濾槽蠅(Filter fly)、排水溝蠅(Sewage fly)，蛾蚋全世界有一千多種，臺灣紀錄有 22 種。在臺灣常見的品種為：白斑大蛾蚋(*Telmatoscopus albipunctatus*)及星斑蛾蚋(*Psychoda alternata*)，此二品種分布在全球最廣泛，屬於騷擾性害蟲(Nuisance pest)。許多大樓地下室汙水池附近、學校廁所或許多公共場所的廁所內，常可以發現到浴室牆上、小便斗或是洗手臺上，停著一隻隻黑黑的小蟲，一旦有人經過，小蟲子會飛動一下，但飛行力不強，隨即又會停下來；每每上廁所遇到時都會感到不悅，但又揮之不去，讓人十分困擾！其實這種浴室小蟲、廁所小蟲叫做「蛾蚋」，對環境和人體有害。

一、特徵

蛾蚋屬於昆蟲綱、雙翅目長角亞目、毛蠓科。成蟲的鑑別特徵，可從翅膀上獨特的翅脈，即多而且平行的翅脈辨別；且整隻蟲體及翅膀布滿絨毛，以致看起來有點像蛾，故名蛾蚋。以肉眼觀之，蛾蚋有如一隻翅膀豐滿的小蠅，而只有在放大鏡下觀察始發現酷似蛾類。蟲體連翅膀約 3 mm，口吻短小，欠缺大顎，不適吸血；足短小，一般呈灰黑色。

(一) 白斑大蛾蚋

白斑大蛾蚋 *Telmatoscopus* (Clogmia) *albipunctata* (Williston, 1893)屬於昆蟲綱(Insecta)、雙翅目(Diptera)、長角亞目(Nematocera)、蛾蠓科（蛾蚋科；Psychodidae）。體長 3.0~4.5 mm，觸角長約 12~16 節，體色灰褐色，翅膀布滿灰色的細毛，翅面具 2 枚黑斑，翅緣具不明顯的白斑，形態酷似蛾類（圖 5-1）。白斑蛾蚋是比較大型的種類身體在胸腹交接處附近，有一條圓弧狀的白色紋帶。棲息時翅膀平放，中央近基部有兩個明顯的黑點。

圖 5-1　白斑大蛾蚋

（二）星斑蛾蚋

星斑蛾蚋 *Psychoda alternata*，廣泛分布於世界各國。特徵星斑蛾蚋體色比較淡，體型也比白斑蛾蚋小，停棲時雙翅成屋脊狀，翅外緣有黑斑排列（圖 5-2）。成蟲體長 2.5~4.5 mm，雌蟲大於雄蟲，淡褐色，全身布滿褐色軟毛，停棲時翅膀為屋脊狀，翅外緣有數顆黑色斑點，是本種中文俗名由來。

圖 5-2　星斑蛾蚋

二、生態

蛾蚋，其生活史為卵→幼蟲→蛹→成蟲，屬於完全變態昆蟲。蛾蚋雌雄交配後，當交配過受精的雌蟲，發現到有適合於幼蟲生長發育的基質時（有機物之膠質膜），即產卵其上，卵塊產於化糞池、排水溝等積水表面的膠質膜上，或腐爛有機物的頂面。每一卵塊 30~100 粒卵。卵於 48 小時內孵化成幼蟲。

（一）星斑蛾蚋

星斑蛾蚋生活史長短受到溫度影響頗大，在低溫環境下須要花較長的時間完成其生活史。在攝氏 26~27 度的環境下，生活史約為 2 週，其中卵期約為 2 天，卵約 0.2~1 mm 長，幼蟲白色，頭部較為骨化，具有明顯的口器，身體 11 節，具有角錐狀的呼吸管。蛹長 6 mm，頭部有一對呼吸管。

經過 3~5 次蛻皮後化蛹，並在 1~2 天後羽化為成蟲，成蟲壽命通常數日，雄蟲壽命較雌蟲短，雌蟲生命約為 1 週。雌性成蟲一次可產下 15~40 顆卵，並偏好將卵產於富有腐敗有機質的平面，例如過濾汙水所產生的淤泥中。幼蟲在淤泥中成長化蛹，至成蟲才離開。主要以居家環境中的腐敗有機質為食。

（二）白斑大蛾蚋

白斑大蛾蚋的繁殖：卵期為 2 天；幼蟲四個齡期，約 14 天開始化蛹；蛹約 3~4 天羽化。雌成蟲抱卵的平均數 241±16.6 粒，約在蛾蚋幼蟲羽化後的 3、4 天會開始產卵。成蟲在羽化後的 3 或 4 天就開始死亡，14 天內大部分的成蟲會死亡，但也有活過一個月的記錄。

蛾蚋的生活史，以實驗室飼養的白斑蛾蚋為例（溫度 27℃、相對濕度 85%）：卵期為 2 天幼蟲四個齡期，約 14 天開始化蛹，蛹約 3~4 天羽化，成蟲在羽化後的 3~4 天就開始死亡，14 天內大部分的成蟲會死亡；也有活過一個月的記錄，但不多見。

在汙水下水道中常可發現，蛾蚋的卵孵化出來的幼蟲即鑽入汙水下水道內壁膠質膜內，並從膠質膜伸出呼吸管以營呼吸。幼蟲在人、豬糞坑、化糞池、汙水池、廢水窟或非常汙染的排水溝，浸沒於汙水內之牆壁上所形成的薄層黏膜(Moist film)內，取食腐爛動植物碎屑或動物排泄物，或微生物等有機質。用一隻刀片或螺絲起子挖開排水管壁之膠質膜，有時可以檢測到活的幼蟲或蛹。

幼蟲取食有機物長大，經三次蛻皮、四齡，約經 9~15 天後化蛹，蛹期 20~40 小時，羽化之成蟲性成熟，在數小時內交尾。整個生活史 8~24 天（視溫度而異）。當蛹成熟羽化為成蟲時，常藉由氣流吹至附近的住家或室內，蛾蚋個體極小，甚至於可以穿透紗門、紗窗。

成蟲羽化後壽命約 2 週，成蟲在羽化後的 3、4 天就開始死亡，14 天內大部分的成蟲會死亡。此蟲飛行力不強，常發現在牆上或器物表面爬行，每次飛行不超過 1 公尺，而且急飛、急停。成蟲可能會被燈光所誘引，在室外此蟲大抵發現於陰暗潮濕之水邊，常大量的被發現於潮濕稠密的落葉堆；幼蟲和蛹以水生為主，但亦可半水生。

蛾蚋成蟲會從化糞池、化糞池人孔、汙水池、排水溝、水漕下或浴廁湧出，確實為公共場所或住家帶來許多困擾。又由於蛾蚋孳生自化糞池、排水溝，且全身密被細毛，容易攜帶病菌，可能機械式的攜帶許多細菌，甚至於病原體，飛入室內，有時會飄落於飲食物上，可能傳播疾病，尤其是醫院內。白斑蛾蚋和星斑蛾蚋因為經常出現在廚房、浴室之牆壁上。棲息在白色油漆或磁磚牆壁上的蛾蚋，會影響視覺清爽及室內清潔，因而成為重要的城市新騷擾性害蟲。

三、習性

蛾蚋的幼蟲主要孳生在含有腐敗有機質的淺水域、化糞池、汙水池、廁所、浴室洗臉臺、地板積水、廚房的水槽、潮濕的抹布等，等都能培養出大量的蛾蚋。室外的淤積排水溝、化糞池和一些有機質較高的積水容器中，也能發現蛾蚋幼蟲的蹤跡，羽化後的蛾蚋成蟲大多就近停在牆壁上。

白斑大蛾蚋生活於平地或低中海拔山區，成蟲多半於住家或戶外水溝、防火巷與積水的環境，性喜停棲於牆壁或磁磚上。雌蟲會產卵於浴室、廚房、水溝或積水的容器裡，幼蟲期 14 天就化蛹，3~4 天羽化，成蟲生命的週期大約 15 天。星斑蛾蚋生活於室外的淤積水溝、化糞池、汙水池和一些有機質較高的積水容器中，也能發現大量的蛾蚋幼蟲蹤跡。羽化後的蛾蚋成蟲大多就近棲身在廚房、浴室之牆壁上。

蛾蚋的飛行能力不強，經常停在牆壁上動也不動，只有在受到干擾時才會飛離原地，而且只飛行一小段距離，就又停在附近的牆壁上了。白斑蛾蚋和星斑蛾蚋因為經常出現在廚房、浴室之牆壁上，而且全身長滿細毛，容易攜帶病菌，有汙染食物、傳播疾病的可能性。蛾蚋蟲體死後風化分解混入塵埃，如果被特異體質的人吸入也會引起氣管過敏、哮喘等過敏症。蛾蚋對人們的危害性包括：機械性病媒、騷擾性害蟲、蠅蛆病等。

蛾蚋的活動性不高，經常一停在牆壁上，半天也不見牠動一下，所以機械性傳播疾病的機率不高。雖然蛾蚋傳播疾病的機率不高，但近年來有病例增加的趨勢，在日本和美國相繼發生了致病大腸桿菌的流行案例。棲身在白色油漆或磁磚牆壁上的蛾蚋，會影響視覺清爽及室內清潔，因而成為重要的城市新騷擾性害蟲。

蛾蚋最重要的害蟲性，是會造成蠅蛆病(Myiasis)，而且大部分都是星斑蛾蚋所造成的。蛾蚋所造成的蠅蛆病是一種兼性寄生，蛾蚋幼蟲在一般情形下，是進行自由生活(Free living)的昆蟲，不需要寄生在宿主體內，就能完成生活史。如果幼蟲或卵意外進入宿主體內，也能利用宿主的組織來完成生活史。

四、防治

蛾蚋的防治主要靠追蹤到孳生來源，並將孳生源徹底的清除。蛾蚋的幼蟲生存於化糞池、汙水池、排水管、排水溝內，在廁所或排水溝內發現大量的蛾蚋成蟲，即表示幼蟲孳生於化糞池或排水溝內。如欲確認蛾蚋的孳生場所，可用一張長型黏膠帶貼在化糞池人孔或排水溝排水孔，但不要把所有的孔洞都封閉，讓它有一氣流流動，然後定期（或每天）檢查黏膠帶，如果黏膠帶黏捕到蛾蚋，你就可以找到孳生來源，將此孳生源清除，即可達到防治成效。

防治蛾蚋最根本的方法為環境的整頓，蛾蚋主要是孳生在各種積水環境之中，只要把容器積水倒掉、地板或水槽積水清除、室外的水溝維持暢通，就可以把蛾蚋的數量控制住。在化糞池及汙水池中孳生的幼蟲，可以由抽水馬桶投入昆蟲生長調節劑或殺蟲劑，可同時達到防治蛾蚋和白腹叢蚊之目的。成蟲的清除，由於蛾蚋的飛行能力很差，使用電蚊拍、蒼蠅拍甚至吸塵器，就可以有效的清除。

➲ 物理及化學防治概念

1. 居家有任何積水的容器，都要清理乾淨。蛾蚋主要是孳生在各種積水中，只要把容易積水的容器積水倒掉、地板或水槽積水清除、室外水溝維持暢通，就可以把蛾蚋的數量制住。

2. 保持廁所管線，隨時有水或用蓋子蓋住，或是經常保持所有排水孔有水，水乾了、就趕緊往排水孔倒水，這樣臭氣不但被水密封了，地溝蟲也休想飛出來，這是最環保、最經濟有效的辦法。另外，別忘了洗臉槽是和下水管相通的，不用洗臉槽時，也應該把下水口蓋上。

3. 蛾蚋的飛行能力很差，使用電蚊拍就可以有效清除。盡量將環境保持乾燥整潔，就可以減少廁所蛾蚋的數量。

4. 殺蟲劑加水稀釋，打開排水孔，噴灑完再蓋上。如果要長期保持排水孔沒有蛾蚋，可以到超市買罐水性殺蟲劑，用水稀釋後，打開排水孔深入噴灑一陣子，再蓋上，1 個小時後即可達到有效清除。

5. 廚房流理臺下方排水溝、浴室及廁所水管內蛾蚋幼蟲之徹底清除法，可將小蘇打粉倒入管線中，靜置 10 分鐘，接著倒入白醋，再等 2~3 小時，最後再於管線中倒入熱水，可達成驅除蛾蚋及清潔室內水管線的除異味效果。

6. 居家平常時可應用「小蘇打粉」，加入精油混合後裝成一小包，掛於廚房、浴室及廁所就能夠有驅除蛾蚋的效果，且小蘇打有「吸收濕氣」的功效，這樣一小包就能有「除濕、芳香、驅蟲」3 種用途，更加經濟實惠。

5-2 蚤蠅的生態習性及防治

蚤蠅(Phorid fly)屬於雙翅目的蚤蠅科(Phoridae)，分為四個亞科、二百多個屬，臺灣在過去的紀錄有 17 個屬 69 種，其中異蚤蠅屬(*Megaselia*)為大宗，約有 40 種。蚤蠅外型與果蠅相似，為小型的蠅類，部分種類無翅，較明顯的外部特徵為胸部背板隆起，故又名為駝背蠅(Humpbacked fly)（圖 5-3）。蚤蠅分布全世界，棲處廣泛，大多數種類分布於熱帶地區。在臺灣已記錄的蚤蠅種類中，2/3 為異蚤蠅屬(*Megaselia*)的種類，其中疽症異蚤蠅(*Megaselia scalaris*)是相當常見的種類。

圖 5-3　疽症異蚤蠅（左：♀；右：♂）
(photoed by Ken K. S. Wang)

一、特徵

蚤蠅又名為駝背蠅，為一類小型的蒼蠅，常出現在屍體腐敗後期。最常見的是別名棺材蠅的蛆症異蚤蠅(*Megaselia scalaris*)。體長約 4 mm 體黑褐色，複眼呈黑色，胸部背板隆起是其主要特徵。蚤蠅可以非常快速地在平面上疾行，因此英文俗名為 Scuttle fly；又因為容易在墓園、棺材附近出沒，也有棺材蠅(Coffin fly)之稱。蚤蠅受到驚擾時，會有如跳蚤一般，突然跳起然後飛走，故名蚤蠅。

成蟲具趨光性，幼蟲發現於腐敗動植物、糞便及昆蟲屍體。成蟲常在室內水槽下發現，為騷擾性害蟲。蚤蠅比果蠅略小，亦常在果蠅孳生處發生，但牠更喜歡腐化爛透的有機質，最常發生於臭水溝、廚房工作檯縫隙內之飲食物腐敗碎屑、汁液內，甚至於可以孳生自動物屍體、有機膠或有機漆料裡。當吾人看見一隻小蠅，以手指輕觸，如小蠅迅速飛離，是為果蠅，如小蠅跳躍一下再飛走，則為蚤蠅。

表 5-1 果蠅與蚤蠅的基本差別

	果蠅(Drosophilid fly)	蚤蠅(*Megaselia scalaris*)
出沒地點	垃圾堆、水果箱、廚餘附近	墳場、動物性廚餘、腐敗的肉汁、水果附近
食性	使水果腐爛的微生物，如酵母和細菌	屬於食腐性的蒼蠅、腐爛的肉品、內臟
孳生源	腐爛的水果及蔬菜、食品釀造廠	汙水、化糞池內
飛行特徵	手輕觸就迅速飛離	跳躍式飛行、疾飛疾停
體長特徵	1.5~4 mm 體黃褐色，複眼呈磚紅色	4 mm 體黑褐色，複眼呈黑色，胸部背板隆起
型態		
傳染疾病	否（以騷擾為主）	否（以騷擾為主）

(photoed by Ken K. S. Wang)

二、生態

蚤蠅屬於完全變態，不論其種類的食性為何皆須經過卵、幼蟲、蛹至成蟲階段，唯成蟲會因食性不同而為後代尋找不同的棲所或寄主。蚤蠅共有四個生命週期，雌性蚤蠅每次可生產 1~100 粒蟲卵，牠們一生能夠生產 750 粒蟲卵。蚤蠅會在食物上產卵以利幼蟲出生時方便找尋食物，牠們的成長期為 14~37 天。

寄生性蚤蠅則是依據牠們的寄生對象，可能為害蟲或是益蟲，但對被寄生的族群來說影響都不顯著。寄生性蚤蠅寄生於社會性昆蟲身上，致使被寄生者離群死亡，例如殭屍蜂(Zombee)現象便是由殭屍駝背蠅(*Apocephalus borealis*)寄生於蜜蜂所造成，寄生性駝背蠅(*Pseudacteon tricuspis*)（通稱紅火蟻斷頭蠅）則是寄生入侵紅火蟻寄生的種類，這兩種在臺灣均無分布。

三、習性

蚤蠅屬於日行性昆蟲，其食性相當廣泛，包含腐食性、菌食性、植食性、寄生性及捕食性種類，其中大多數為腐食性，捕食性種類相對較少。腐食性的蚤蠅偏好動物性廚餘，如腐爛的肉品、內臟，甚至死掉的昆蟲等都會吸引蚤蠅前來產卵；成蟲則多以腐敗的肉汁、水果為食。在各種蚤蠅中，以腐食性、菌食性和寄生性種類與人類生活較有關係，其中以腐食性蚤蠅最為常見，牠們可能造成食物汙染，但不會直接對人造成危害。菌食性蚤蠅會在蕈類上產卵、繁殖，有機會造成食用蕈類的經濟損害。

蚤蠅的孳生源是在汙水、化糞池內，以及所有的糞管和汙水管線內。蚤蠅一般而言除了汙染食物之外，並沒有造成人類住家什麼重大的損失，作者將牠們歸屬為騷擾性的害蟲。

四、防治

針對住宅內所有發現有蚤蠅出沒的地方可設法將周圍所有可疑的排水孔蓋起來或暫時堵起來，要排水時再打開，試幾天看看，蚤蠅問題在哪裡？應該較能掌握。知道問題癥結，就比較能夠迅速獲得改善。排水孔蓋封好後，記得先用電蚊拍將已在屋內的蚤蠅全數擊斃，否則很難快速感受成效；且電蚊拍的電力要夠，不然只能達到電昏等級，醒來一樣可以飛行。

➲ 防治蚤蠅必須具備的觀念

這些蚤蠅的孳生源有可能綿延好幾十公尺，甚至數百公尺，例如從地下室的汙水池算起，一直連接到最頂樓的住家排水孔，當殺蟲劑灌進汙水池時，蚤蠅群會沿暗管逃竄到沒有藥劑的地方，如閃躲到其他暗管內，逃竄之管道很廣泛。因此，若僅靠空間噴藥、池內投藥或管內噴藥，可能效果有限，這是目前困擾各大樓社區的難題，也是病媒防治業者的一大難題。

若防治不夠完全；會將蚤蠅推展到原本沒有淪陷之處，也就是說，原本只有地下室有，結果變成一、二、三樓都有，更糟糕的當然是變成整棟樓都有。千萬別大意！若猛然對室內空間噴藥，其實暗管內或下水道內的蚤蠅一隻都沒被消滅到，再怎麼噴都不會有效。若改用暗管內或下水道內噴藥，可能也無法完全消滅，因為有些蚤蠅可能會躲在下水道池內的牆面或暗管的管壁上，持續噴藥的情況下，在還未消滅掉牠們之前，就可能先導致抗藥性的產生，明顯的徵兆是：「剛開始可能有效，再來就沒效了」；因此，這些地方一定要徹底處理，沒弄好的話，這些蚤蠅可能只是消失一陣子，總有一天還是會再現。

常有民眾問要如何防治居家中的果蠅與蚤蠅？答案是要常倒垃圾才是真正有效的防治方法，畢竟牠們的出現全是因為民眾在住家中囤積、製造牠們的食物源。由於這兩類昆蟲體型較小，如果食物或垃圾沒有妥善處存，還是有誘引及被入侵的風險；加上牠們的繁殖力強，世代短因此避免暴露孳生源才真正是預防牠們的有效方法。

（一）物理防治

1. 捕蚊燈：捕蟲燈之波長極其重要，市售之黑燈管其波長為 300~400 nm（以 365 nm 最佳）能發射一種藍綠色光，誘蟲效果最佳。而且補蟲燈管至少每年更換一次。
2. 黏蠅紙：放置於垃圾桶、廚餘桶、食物櫃、廚房水槽下及浴室洗臉槽下等場所，時效可長達 1~2 個月。

（二）化學防治

1. 蚤蠅對一般殺蟲劑皆具有感受性，建議施用水溶性的合成除蟲菊精類殺蟲劑，對人、畜的影響較小。
2. 施用誘殺蠅餌劑：一般常用的成分為益達胺(Imidacloprid) 0.05% (w/w)、達特胺(Dinotefuran) 1.0% (w/w)，放置於垃圾桶、廚餘桶、食物櫃、廚房水槽下等場所，防治效果可達 3~4 星期。
3. 防治蚤蠅幼蟲：以昆蟲生長調節劑來斷絕下一代的繁殖。建議使用百利普芬(pyriproxyfen)，針對孳生源的區域進行噴藥（時隔 7 天再施藥一次），會讓蛹無法完成變態而致命。
4. 防治蚤蠅成蟲：建議使用除蟲菊類殺蟲劑，對蚤蠅群直接進行空間噴灑。針對成蟲棲息場所，則建議使用殘效噴灑殺蟲劑（有機磷乳劑如撲滅松 50%乳劑）。

課後複習

1. 蛾蚋在居家環境衛生中被歸類為何種害蟲？(A)病媒性 (B)騷擾性 (C)汙染性 (D)傳染性。
2. 下列何者為重要的城市新騷擾性害蟲？(A)白斑大蛾蚋 (B)星斑蛾蚋 (C)蠅蝶 (D)以上皆是。
3. 星斑蛾蚋(*Psychoda alternata*)棲息時其翅膀的擺放方式為何？(A)豎起式 (B)平放式 (C) 屋脊狀 (D)合併狀。
4. 蛾蚋最重要的蟲害性為下列何者？(A)機械性病媒 (B)騷擾性害蟲 (C)蠅蛆病 (D)以上皆是。
5. 下列何者能培養出大量的蛾蚋？(A)潮濕抹布 (B)菜瓜布 (C)廚房的水槽 (D)以上皆是。
6. 白斑蛾蚋(*Telmatoscopus albipunctatus*)棲息時其翅膀的擺放方式為何？(A)豎起式 (B)平放式 (C)屋脊狀 (D)合併狀。
7. 蚤蠅與果蠅十分相似，其最大特徵為？(A)複眼呈黑色 (B)複眼呈磚紅色 (C)屬於騷擾性害蟲 (D)以酵母和細菌為食。
8. 在臺灣已記錄的蚤蠅種類中，有多少比例為異蚤蠅屬的種類？(A) 1/3 (B) 2/3 (C) 1/4 (D) 3/4。
9. 下列何種蚤蠅與人類生活較有關係，常經由糞管和汙水管線進入室內？(A)菌食性蚤蠅 (B)植食性蚤蠅 (C)腐食性蚤蠅 (D)寄生性蚤蠅。
10. 在臺灣，蚤蠅(Phorid fly)又名為駝背蠅(Humpbacked fly)，其中何種屬於相當常見的種類？(A)殭屍駝背蠅 (B)寄生性駝背蠅 (C)蛆症異蚤蠅 (D)以上皆是。

MEMO

CHAPTER 06

眼睛不易見到的害蟲

本章大綱

6-1 塵蟎的生態習性及防治

6-2 恙蟎的生態習性及防治

6-3 人疥蟎的生態習性與防治

前言

蟎是細小的動物，身體大小一般都在 0.5 mm 左右，有些小到 0.1 mm，大多數種類小於 1 mm，其成蟲具有八足，通常用於爬行。與蜘蛛和蝎子不同，蟎並沒有明顯的腹部，而蟎的大部分的體節已融合成袋狀的軀體。蟎可於不同的環境中出現，一些蟎要依賴溫血動物、昆蟲或其他節肢類動物才能存活，另一些則會攝食植物、細菌及真菌。少數的蟎也可能影響人類健康。

在臺灣，較常見並且與民眾健康關係較大的蟎有以下三種：(1)塵蟎（主要為歐洲塵蟎和美洲塵蟎）可以在家中誘發過敏反應，引起哮喘和皮膚炎症。事實上，與塵蟎相關的過敏反應，主要是由其屍體與糞粒所引起的；(2)恙蟎（又名恙蟲）的六足幼蟲常常寄生在老鼠身上，而其英文俗稱“Chigger mites”便是指這階段的恙蟎。這些微小的紅色幼蟲也會叮咬人類，被叮咬處會在兩天內出現疹、癢、紅、腫的症狀。屬於纖恙蟎屬的恙蟎，帶有稱為恙蟲病東方體的病原體時，則有能力傳播叢林斑疹傷寒（又名恙蟲病）；(3)人疥蟎，是一種會引起疥瘡的蟎。牠們可以寄生在人體皮膚表面及皮下。

疥瘡患處會異常的癢，尤以晚間為甚，一旦抓破患處更可引發細菌感染。即使治療成功，有關症狀仍有機會持續數星期，因為這些症狀是由疥蟎及其排泄物在皮膚內引起的過敏反應所致。

臺灣位於亞熱帶（東經 120°~122°，北緯 22°~25°），屬於海島型氣候終年溫暖潮濕（年均溫 23~24℃，年均降雨量為 2,515 mm），人口與住家密集，是蟎類繁殖生長的理想環境。惟有認識蟎類，根據其習性改善居家環境個人衛生習慣，才能使這些令人頭疼的小生物遠離，讓過敏患者也能享有健康生活。

6-1 塵蟎的生態習性及防治

塵蟎（學名 *Dermatophagoides* spp.）屬於節肢動物門(Arthropoda)、螯肢亞門(Chelicerata)、蛛形綱(Arachnida)、蜱蟎亞綱(Acari)、恙蟎目(Trombidiformes)、塵蟎科(Pyroglyphidae)、塵蟎屬(*Dermatophagoides*)，是一種 8 隻腳的微小蛛形綱節肢動物。

臺灣位於亞熱帶，海島型氣候終年溫暖潮濕，人口與住家密集，是塵蟎繁殖生長的理想環境。臺灣居家常見的過敏原以塵蟎最多，約占90%以上，臺灣常見的室塵蟎有 16 種，以歐洲室塵蟎最多(55~75%)，美洲室塵蟎及熱帶無爪蟎(25~29%)次之。室塵蟎常常與人類共處一室，原因是：(1)人類每天脫落的皮屑，是牠的食物來源；(2)人類身體的熱量，是最適合牠存活的溫度；(3)每天睡覺時會出汗且在呼吸中會帶有水氣，提供牠適宜的濕度。

一、特徵

塵蟎(Dust mite)是一種 8 隻腳的微小蛛形綱節肢動物，塵蟎和蜘蛛的形體不同，塵蟎為整體的軀體，全身呈乳白色或紅色，體長約0.1~0.4 mm。塵蟎的身體 75%以上都是水分所組成，在低倍率（40 倍）的光學顯微鏡下觀察，塵蟎體軀呈現透明狀。軀體前方有口器，藉此攝食與攝取水分。口器部分有一對螯肢、一對須肢及口下板，通常統稱為顎體。螯肢為取食器官，須肢具有感覺的作用。口的開始部分位於兩須肢中間的下方。

成對的腺體開口於軀體表面，如基節上腺、唾液腺、末體背側腺。基節上腺開口於第 1 對足的上面，其功能是從潮濕的空氣中獲取水分。塵蟎具有鉗子狀足，足分為 6 節，包括基節、轉節、股節、膝節、脛節和跗節。足末端帶有吸盤，可抓握物體或附著於皮屑毛髮。歐洲室塵蟎(*Dermatophagoides pteronyssinus*)、美洲室塵蟎(*Dermatophagoides farinae*)和熱帶無爪蟎(*Blomia tropicalis*)是臺灣常見的 3 種室塵蟎（圖 6-1）。

(a) 歐洲室塵蟎

(b) 美洲室塵蟎

(c) 熱帶無爪蟎

圖 6-1　臺灣常見的 3 種室塵蟎（歐洲室塵蟎、美洲室塵蟎、熱帶無爪蟎）

塵蟎有一個特有的消化系統，塵蟎消化後的食物會被一層薄膜團團的包圍後排出體外。而這些富含酵素的排泄物（約 10~20 μm）就是引致鼻敏感、哮喘病發作的罪魁禍首。一隻塵蟎每天至少可以製造 20 多團排泄物；塵蟎的排泄物，輕而易飛揚在空氣中，被人吸入造成過敏反應。

二、生態

蟎類的生命週期包含 4 個階段：卵、幼蟲（3 對足）、若蟎（4 對足）及成蟲（4 對足）。塵蟎成蟲之後進行有性生殖。從卵到成蟲的整個生長過程，受到外界濕度及溫度的影響很大。塵蟎雌蟲一生約會產下 20~50 個卵（最多可到 300 個），完成一世代僅需 20~30 天，平均壽命 3 個月。如果以最少的一對塵蟎來計算，一個月變 60 隻塵蟎，而這 60 隻再過 30 天就變成 3,600 隻，所以繁殖非常快。當環境溫度下降至 16°C 以下時，塵蟎的存活率降低。相對濕度 40%以下，塵蟎無法存活。

在臺北地區的室塵蟎以歐洲室塵蟎為最主要（占 82.2%），因為牠最喜歡的溫度是攝氏 25 度。南部高雄、屏東及臺東地區以美洲室塵蟎為主（占 29.0%），牠們比較不怕熱，最喜歡的溫度為攝氏 28 度。熱帶無爪蟎的生長特性還不很清楚，但是南部地區（占 25.4%）比北部地區較多。

不論是哪種塵蟎，牠們的排泄物都會在整理床單、棉被時飛揚在空氣中而造成過敏性鼻炎及氣喘發病。根據統計家中每克之家塵蟎數目超過 500 隻，其排泄物的總量就可能造成過敏，臺灣地區家庭中之塵蟎數目，有 20%以上都是在 100 隻以上。而人類最主要是對塵蟎的屍體及排泄物過敏，易過敏的人接觸到塵蟎可能會發生氣喘、打噴嚏、流鼻水、鼻塞、過敏性結膜炎、異位性皮膚炎等症狀。

三、習性

塵蟎最喜歡生長在溫暖潮濕的環境中，適合生長的溫度為 22~26℃、濕度為 70~80%，居家床墊、床鋪、棉被、枕頭、地毯、沙發、草蓆、榻榻米、窗簾、毛巾、衣物、布偶等都可棲身。蟎的食性複雜，舉凡人類或動物脫落的皮屑與毛髮、動植物纖維、昆蟲碎屑、植物、黴菌、酵母菌等，都是其食物。

塵蟎一天可以產生達 20~30 顆糞便約，糞便大小約為 10~20 微米 (μm)，這些排泄物一旦被干擾到，可以在靜止的空氣中懸浮長達 20 分鐘才落到地面，塵蟎排泄物為水溶性，可在任何潮濕的表面上溶解，普通的塵蟎一生可製造多達其體積 200 倍的排泄物。

臺灣地區 75%的住家中充斥著塵蟎，室內每公克灰塵中平均隱藏著 2,000~10,000 隻塵蟎。500~1,000 隻塵蟎／公克灰塵，便容易誘發過敏症狀。塵蟎的分泌物、排泄物、卵、褪皮、蟲體本身、屍體碎屑等微小質輕，容易飛揚在空氣中被人體吸入。塵蟎一天可排泄 20~30 次，其排泄物為水溶性，可溶於任何潮濕的表面上，如人體濕潤的呼吸道與肺部，引發過敏反應。過敏患者的症狀如氣喘、過敏性鼻炎、過敏性結膜炎、蕁麻疹與異位性皮膚炎等。

國民健康署 2013 年調查報告指出，引發 12 歲以下兒童氣喘的因素前 3 名依序為塵蟎（占 46.3%）、氣溫急遽變化（占 37.7%）及病毒感染（占 36.8%）。近 10 年來國人過敏患者成長 3 倍，根據衛生福利部(Ministry of Health and Welfare; MHW)調查發現，有 70%的家庭中可以找到塵蟎，這些塵蟎 70~80%是在臥室中的床墊、棉被及枕頭中找到。20~30%是在地毯及沙發、布娃娃中。臺北市衛生局於 2008 年發布的統計數據中，對國小一年級學童過敏原檢測，塵蟎占 90.79%。學童過敏來自父母遺傳機率高達 7 成。

四、防治

塵蟎防治概念以居家防治為首要，包括：

1. 室塵蟎喜歡在攝氏溫度 25 度到 35 度之間生長，所以如果把溫度降到 15 度或昇高到 45 度，塵蟎就會死亡。
2. 室塵蟎喜歡在 75% 濕度生活，如果把濕度降到 40%以下則室塵蟎就無法生存。
3. 室塵蟎的食物主要是人的皮屑、長黴菌之食品，及狗貓口水、皮屑、蟑螂排泄物、屍體等有機物質，如果屋內食物多則家塵蟎繁殖快，反之則室塵蟎會餓死。
4. 臺灣每年 7~8 月是塵蟎生長繁殖季節，此時加以防治，定期曝曬、清洗棉被及枕頭，清潔地毯，少用床墊，可以降低氣喘病之發作。

根據以上的概念，居家塵蟎防治可由環境管理、物理防治和化學防治三方面處理：

(一) 環境管理

1. 定期清掃居家環境，寢具選用合成纖維、蠶絲製品，避免毛類製品。
2. 每年定期請專人清洗冷（暖）氣內部。
3. 選用洗衣機可清洗的被子，床墊、棉被、枕頭使用防蟎床套。
4. 使用有 HEPA 濾網的空氣清淨機、吸塵器。
5. 家中地毯及窗簾容易積灰塵，需定時用吸塵器清潔，避免塵蟎孳生。
6. 若有養貓、狗等有毛的動物，要常幫它們洗澡。
7. 打掃時避免揚塵，也可以幫過敏症患者帶上口罩。
8. 家中少使用填充絨毛娃娃，衣服要收拾整齊放入衣櫃內。
9. 家中建議使用皮革沙發或木製家具。

(二) 物理性防治

1. 維持居住空間相對濕度至 60% 以下，但如低於 30% 可能造成人體不適。
2. 使用除蟎空氣濾淨機或吸塵器去除空氣中的灰塵及過敏原。
3. 選用有隔離塵蟎及其排泄物效果的寢具。
4. 定期曝曬寢具，以 55°C以上的溫度清洗、熱烘或熨斗熨燙寢具。
5. 使用防蟎套包覆床墊。
6. 使用高效能的吸塵器，但需勤於更換集塵內袋。

7. 可將小衣物或填充玩具放入冷凍庫中 24 小時（16℃以下會促使塵蟎的存活率會降低，0℃以下可以凍死塵蟎），冰凍後再以清水洗滌。

（三）化學性防治

1. 利用殺蟲劑殺蟎，或利用防蟎製劑噴於環境中。
2. 噴灑益菌於環境中，分解塵蟎排泄物等過敏原和塵蟎之食物。
3. 以殺塵蟎洗劑清洗衣物寢具窗簾等。

6-2 恙蟎的生態習性及防治

恙蟎(Chigger mites)屬於蛛形綱(Arachnida)、蜱蟎亞綱(Acari)、真蟎目(Acariformes)、恙蟎科(Trombiculidae)、纖恙蟎屬(*Leptotrombidium*)，俗稱恙蟲。臺灣已知的恙蟎種類有 30 多種，其中以地里恙蟎(*Leptotrombidium deliense*)為主。

民眾常在立克次體、恙蟎與某些囓齒類動物共同存在的環境下感染恙蟲病，感染機會與在流行地區的活動旅遊史相關。據疾病管制署監測資料顯示，臺灣全年皆有恙蟲病病例發生，流行季節主要為「夏季」，歷年通報數自 4~5 月開始上升、6~7 月達到高峰，9~10 月會出現第二波流行。臺灣地區各縣、市均有病例報告，主要以澎湖縣、金門縣、臺東縣、花蓮縣、南投縣及高雄市病例數較多。高雄市的恙蟲病病例近年有增加的趨勢，105 與 106 年恙蟲病確診病例，為近 5 年之高峰，其中有些個案在柴山有接觸草叢環境的活動史。

一、特徵

恙蟎的成蟲（圖 6-2）和若蟲全身密布絨毛，外形呈“8”字形，第一對足特別長，主要為觸角的功能。恙蟎幼蟲為寄生性病媒，體型微小，體長約 0.2~0.3 mm，肉眼幾乎看不見，需要捕捉動物來採集。

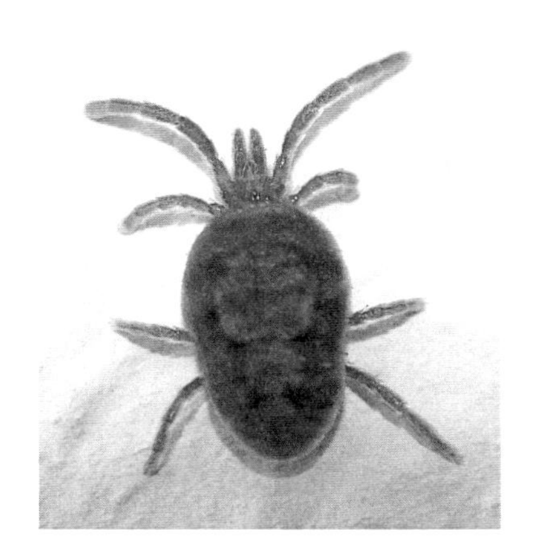

圖 6-2 恙蟎的成蟲

（截錄自維基百科https://zh.wikipedia.org/wiki/%E6%81%99%E8%9F%8E%E7%9B%AE）

恙蟎幼蟲多橢圓形，紅、橙、淡黃或乳白色。恙蟎幼蟲剛孵出時體長約 0.2 mm，經飽食後體長達 0.5~1.0 mm 以上。蟲體分為顎體和軀體兩部分：

1. 顎體位於軀體前端，由螯肢及須肢各 1 對組成。螯肢的基節呈三角形，端節的定趾退化，動趾變為螯肢爪。
2. 軀體背面的前端有盾板，呈長方形、矩形、五角形、半圓形或舌形，是重要的分類依據。多數種類在盾板的左右兩側有眼 1~2 對，位於眼片上。

二、生態

恙蟎生活史分七個時期：卵、次卵、幼蟎、前若蟎、次若蟎、三若蟎、成蟎。恙蟎僅幼蟲營寄生生活，其他各期皆營自由生活。地里恙蟎從卵到成蟎的時間為 58~76 天。溫度 18~28℃，相對潮濕度 90~100%，最適合地里恙蟎的發育與生殖。

地里恙蟎卵呈球形，淡黃色，直徑約 0.15 mm。經 5~7 天卵內幼蟲發育成熟，卵殼破裂，逸出前幼蟲；經 10 天發育，幼蟲破膜而出，攀附在宿主皮薄而濕潤處叮刺；經 2~3 天飽食後，墜落地面，再經若蛹、若蟲、成蛹發育為成蟲。若蟲、成蟲軀體多呈葫蘆形，體被密毛，紅絨球，有足 4 對。雌蟎產卵於泥土表層縫隙中，一生產卵 100~200 個，平均壽命 288 天。

地里恙蟎的幼蟎(Chigger)行寄生性生活，寄主範圍包括：哺乳類、鳥類、爬蟲類及甲殼類。若蟎與成蟎行自由生活，主要取食為動物性，如刺吸小節肢動物的卵、初齡幼蟲、軟體無脊椎動物的體液。恙蟎幼蟲很小(0.2~0.3 mm)，肉眼幾乎看不見。恙蟎幼蟲多爬行於土壤上，或停留於植物表面，如雜草之尖端，再伺機落入經過之動物或人類身上並吸取其組織液，叮咬處可能會出現焦痂(Eschar)。

恙蟎的動物宿主包括：囓齒類（老鼠）、哺乳類（羊、豬、貓、狗）、鳥類（鳥、雞）等，其中又以囓齒類為主。在臺灣地區，地里恙蟎的寄主主要為：溝鼠(*Rattus norvegicus*)、屋頂鼠(*Rattus rattus*)、小黃腹鼠(*Rattus losea*)、家鼷鼠(*Mus musculus*)、錢鼠(*Suncus murinus*)、鬼鼠(*Bandicota nemorivaga*)、臺灣森鼠(*Apodemus semotus*)、臺灣天鵝絨鼠(*Eothenmys melanogaster*)等。

三、習性

恙蟎只有幼蟎(Chigger)會叮咬溫血動物。在高溫潮濕且雜草叢生處（如荒野、草地、山谷、田園等），野生小哺乳動物和恙蟎會共同形成流行島(Typhus island)，恙蟎喜歡停留於草叢中，伺機落入經過之動物或人類身上，因此行走於草叢中遭恙蟎叮咬而罹患恙蟲病的機會較高。恙蟎會經卵傳遞病原體，其幼蟎因為寄生性須吸取脊椎動物之組織液而由其唾液傳播病原體，大都叮咬在皮膚柔軟處。

恙蟎成蟲和若蟲主要以土壤中的小節肢動物和昆蟲卵為食，幼蟎則以宿主被分解的組織和淋巴液為食。幼蟎在宿主皮膚叮刺吸吮時，以螯肢爪刺入皮膚，注入唾液，使宿主組織出現凝固性壞死，並形成一條小吸管（稱為莖口）通到幼蟲口中，被分解的組織和淋巴液，通過莖口進入幼蟲消化道。幼蟎在人體的寄生部位，常發現在腰部、腋窩、腹股溝、陰部等處。

恙蟎幼蟲活動範圍很小，一般不超過 1~2 m，垂直距離 10~20 cm，常聚集在一起呈點狀分布，稱為蟎島(Mite island)。幼蟲喜群集於草叢、樹葉、石頭或地面物體尖端，有利於攀登宿主。幼蟲在水中能生活 10 天以上，因此洪水及河水泛濫等可促使恙蟎擴散，幼蟲也可隨宿主動物而擴散。恙蟎的活動受溫度、濕度、光照及氣流等因素影響，多數種類需要溫暖潮濕的環境，且多數恙蟎幼蟲有向光性，但光線太強時幼蟲反而停止活動。宿主行動時的氣流可刺激恙蟎幼蟲。幼蟲對宿主的呼吸、氣味、體溫和顏色等很敏感。

四、防治

恙蟲病又稱為叢林型斑疹傷寒(Scrub typhus)，是由立克次體 *Orientia tsutsugamushi* 所引起的疾病。臺灣全年皆有恙蟲病病例發生，流行季節主要為夏季；人類是經由帶有立克次體的恙蟎幼蟲叮咬而感染恙蟲病，恙蟎的動物宿主以鼠類為主。感染立克次體的恙蟎，會經由遺傳而帶有立克次體，於其四個發育期各階段均保有立克次體，成為永久性帶菌。恙蟲病不會直接由人傳染給人，是被具傳染性的恙蟎幼蟲叮咬時，立克次體經由恙蟎唾液並透過叮咬部位的傷口進入人體而感染。

（一）預防措施

1. 利用個人防禦方法，避免被具感染性的恙蟎附著叮咬：包括穿長袖衣褲、靴子、手套等；若在高危險地區則最好穿著浸潤有殺恙蟎藥（Permethrin 或 Benzyl benzoate）的衣服及毛毯和施用防恙蟎劑(diethyltoluamide; Deet)於皮膚表面，並每日沐浴換洗全部衣物；如發現手、足等部位有被咬的傷口，可塗抹含有抗生素物質的軟膏，減低發病。
2. 消滅恙蟎：在特殊地區如營地周圍的地面、植物、礦坑建築物和地方性疾病的流行區使用有效的環境衛生用藥。
3. 剷除雜草，尤其在住宅附近，道路兩旁以及田埂等人群接觸頻繁的草地。如情況容許，可用焚燒法減低恙蟎密度。
4. 於恙蟎密度降至相當少的數量後，即進行滅鼠工作，以降低人類暴露於恙蟎的感染機會。

（二）管制患者、接觸者及周圍環境

1. 報告當地衛生主管機關：依傳染病防治法，為第三類乙種傳染病應於一週內報告。
2. 環境管制：高危險地區施行剷除雜草、曝曬陽光、改變恙蟎生活環境，減低其密度。

3. 接觸者及感染源的調查：調查患者的確實感染地點，前往該地點的目的。

4. 特殊療法：口服四環黴素(Tetracycline)；每天分次投藥，直到病人不發燒（通常需 30 小時）。若在發病後的 3 日內開始治療，則間隔 6 天後需再給予第二療程的抗生素治療，否則有可能再發病。較早期的給藥和某些復發情形有關。

（三）防治策略

在感染地區，嚴格執行預防措施；告誡閒人勿進入該地區活動，呼籲在該地區出入之工作人員或居民，一有發燒和初期的症狀應立即就醫接受治療。

6-3 人疥蟎的生態習性與防治

人疥蟎屬節肢動物門(Arthropoda)、螯肢亞門(Chelicerata)、蛛形綱(Arachnida)、蜱蟎亞綱(Acari)、真蟎目(Acariformes)、疥蟎科(Sarcoptidae)、疥蟎屬(*Sarcoptes*)，是一種永久性寄生蟎類，世界性分布。寄生於人體的主要是疥蟎屬的疥蟎。除寄生於人體外，還可寄生於哺乳動物，如牛、馬、駱駝、羊、犬和兔等的體上。

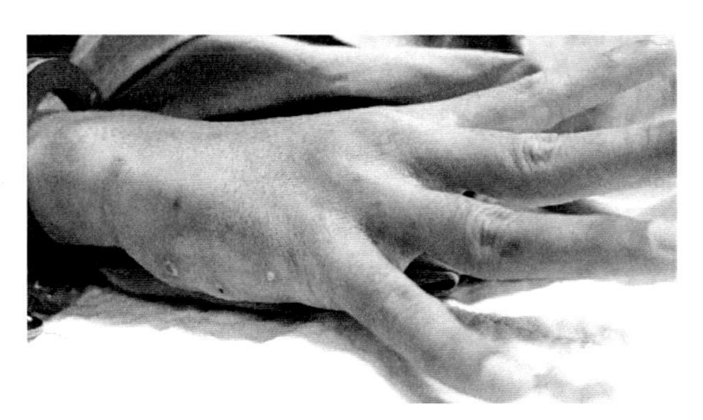

圖 6-3 疥瘡（手部感染）

寄生於人體的疥蟎為人疥蟎(*Sarcoptes scabiei* var. *hominis*)，是一類永久性的皮內寄生蟲，可引起頑固的皮膚病——疥瘡（圖 6-3）。

一、特徵

疥蟎成蟲體近圓形或橢圓形，體軀不分節，背面隆起，乳白或淺黃色（圖 6-4）。雌蟎大小為 0.3~0.5×0.25~0.4 mm；雄蟎為 0.2~0.3×0.15~0.2 mm。顎體短小，位於體前端。螯肢如鉗狀，尖端有小齒，適於囓食宿主皮膚的角質層組織。鬚肢分三節，無眼睛，軀體背面有橫形的波狀橫紋和成列的鱗片狀皮棘，軀體後半部有幾對桿狀剛毛和長鬃。腹面光滑，僅有少數剛毛和 4 對足。足短粗，分 5 節，呈圓錐形。

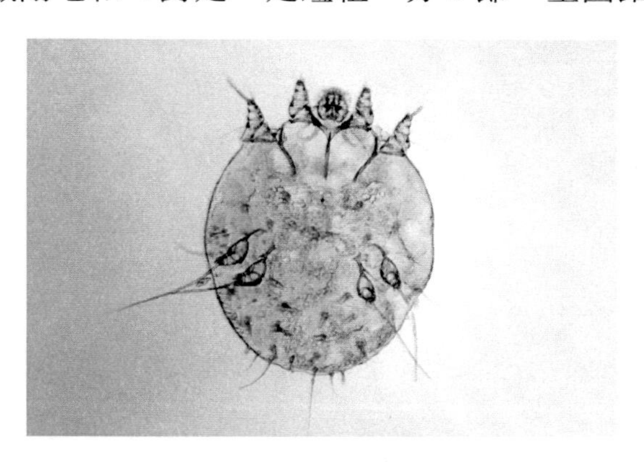

圖 6-4　人疥蟎

雌、雄蟎前 2 對足的末端均有具長柄的爪墊，稱吸墊(Ambulacra)，為感覺靈敏部分。雌蟎的產卵孔位於後 2 對足之前的中央，呈橫裂縫狀，雄蟎的外生殖器位於第 4 對足之間略後處，兩者的肛門都位於軀體後緣正中，後半體無氣門。成蟎與若蟎有 4 對足，幼蟎只有 3 對足。

二、生態

疥蟎生活史分為卵、幼蟲、前若蟲、後若蟲和成蟲五個期。疥蟎寄生在人體皮膚表皮角質層間，嚙食角質組織，並以其螯肢和足跗節末端的爪在皮下開鑿一條與體表平行而紆曲的隧道，雌蟲就在此隧道產卵。

疥蟎交配一般是晚間在人體皮膚表面進行，由雄性成蟲和雌性後若蟲完成。雄蟲大多在交配後不久即死亡；雌後若蟲在交配後 20~30 分鐘內鑽入宿主皮內，蛻皮為雌蟲，2~3 天後即在隧道內產卵。每日可產 2~4 個卵，一生共可產卵 40~50 個，雌蟎壽命約 5~6 週。

疥蟎的卵呈圓形或橢圓形，淡黃色，殼薄，大小約 80×180 μm，產出後經 3~5 天孵化為幼蟲。幼蟲足 3 對，2 對在體前部，1 對近體後端。幼蟲仍生活在原隧道中，或另鑿隧道，經 3~4 天蛻皮為前若蟲。若蟲似成蟲，有足 4 對，前若蟲生殖器尚未顯現，約經 2 天後蛻皮成後若蟲。雌性後若蟲產卵孔尚未發育完全，但陰道孔已形成，可行交配。後若蟲再經 3~4 天蛻皮而為成蟲。疥蟎完成一代生活史需時 8~17 天。

三、習性

人和哺乳動物的皮膚表皮層內就是疥蟎的生活環境。人疥蟎的生活習性主要有三大特徵：

1. 寄生人體：人疥蟎常寄生於人體皮膚較柔軟嫩薄之處，常見於指間、腕屈側、肘窩、腋窩前後、腹股溝、外生殖器、乳房下等處；在兒童則全身皮膚均可被侵犯。
2. 活動與挖掘隧道：人疥蟎寄生在宿主表皮角質層的深處，以角質組織和淋巴液為食，並以螯肢和前跗爪挖掘，逐漸形成一條與皮膚平行的蜿蜒隧道。隧道最長可達 10~15 mm。雌蟎所挖的隧道最長，每天能挖 0.5~5 mm，每隔一段距離有小縱向通道通至表皮。交配受精後的雌蟎，最為活躍，每分鐘可爬行 2.5 cm，此時也是最易感染新宿主的時期。

3. 溫濕度的影響：雌性成蟲離開宿主後的活動、壽命及感染人的能力與所處環境的溫度和相對濕度有關。溫度較低、濕度較大時壽命較長，而高溫、低濕則對其生存不利。雌蟎最適擴散的溫度為 15~31℃，有效擴散時限為 1~7 天，在此時限內活動正常並具感染能力。

在室溫下，人疥蟎離開人體皮膚尚可存活 2~4 天，在礦物油(Mineral oil)中可存活 7 天之久，在 50℃的環境中 10 分鐘即死亡，卵在室溫下約可存活 10 天。濕度高及溫度低之環境，有助於人疥蟎之存活。

四、防治

疥瘡，俗稱「癩」，流行廣泛，遍及世界各地。一般疥瘡患者身上之疥蟎數目不超過 15 隻。免疫能力較差、年長、失能、操勞過度者，可能會感染較嚴重的結痂型疥瘡。疥蟎感染方式主要是通過直接接觸，如與患者握手、同床睡眠等，特別是在夜間睡眠時，疥蟎在宿主皮膚上爬行和交配，傳播機會更多。公共浴室的休息室、更衣間等是重要的社會傳播場所。

此外，動物的疥蟎亦可傳至人體，特別是患疥瘡的家畜、寵物與人關係比較大。人疥蟎的傳播和感染，與衛生狀況有關，經由與患者親密接觸或性行為而感染疥蟎，受感染的衣服和被褥，也可能傳播疥蟎，但此途徑並不常見。

預防人疥蟎與治療疥瘡，已被列為公共衛生的傳染病議題，茲建議如下：

1. 加強衛生宣教，注意個人衛生，避免與患者接觸或使用患者的衣被。
2. 患者的衣服需煮沸或蒸氣消毒處理，或撒上林丹(Lindane)粉劑。
3. 治療疥瘡的常用藥物包括：10%硫磺軟膏、10%苯甲酸苄酯搽劑、1% DDT 霜劑、1%丙體 666 霜劑、複方敵百蟲霜劑、10%優力膚霜、伊維菌素等。
4. 患者治療前需用熱水洗淨患部，待乾後用藥塗抹，每晚一次，效果較好。
5. 治療後觀察 1 週左右，如無新皮損出現，方能認為痊癒。

課後複習

1. 下列何者為臺灣居家常見的過敏原？(A)塵蟎 (B)恙蟎 (C)人疥蟎 (D)以上皆是。
2. 臺灣常見的室塵蟎有 16 種之多，下列何者的族群占絕大多數？(A)美洲室塵蟎 (B)歐洲室塵蟎 (C)熱帶無爪蟎 (D)臺灣恙蟎。
3. 將居家環境的相對濕度(RH%)調降至多少以下，塵蟎就無法存活？(A) 60% (B) 50% (C) 40% (D) 20%。
4. 在臺北地區，居家環境中的室塵蟎以下列何者為最主要的族群？(A)美洲室塵蟎 (B)歐洲室塵蟎 (C)熱帶無爪蟎 (D)臺灣恙蟎。
5. 在南部地區，如高雄、屏東及臺東，居家環境中的室塵蟎以下列何者為最主要的族群？(A)美洲室塵蟎 (B)歐洲室塵蟎 (C)熱帶無爪蟎 (D)臺灣恙蟎。
6. 居家室內所收集的灰塵中，若隱藏有塵蟎約多少隻便容易誘發過敏症狀？(A) 100~200 (B) 200~300 (C) 300~500 (D) 500~1,000 隻塵蟎／公克灰塵。
7. 居家環境中的室塵蟎，其主要食物是？(A)人們的皮屑 (B)長黴菌之食品 (C)貓、狗的口水 (D)以上皆是。
8. 在臺灣，每年幾月是塵蟎生長繁殖季節？(A) 4~6 月 (B) 7~8 月 (C) 9~10 月 (D)全年皆是。
9. 在臺灣地區，地里恙蟎的寄主主要為下列何者？(A)溝鼠 (B)屋頂鼠 (C)臺灣森鼠 (D)以上皆是。
10. 恙蟲病又稱為叢林型斑疹傷寒(Scrub typhus)，是由下列何種病原體所引起的疾病？(A)病毒 (B)黴菌 (C)立克次體 (D)鉤端螺旋體。

11. 在臺灣，恙蟲病的流行高峰季節主要發生在何時？(A) 4~5 月 (B) 6~7 月 (C) 8~10 月 (D)全年皆是。
12. 在恙蟎的生活史中，哪一個時期會叮咬溫血動物而由其唾液傳播病原體？(A)幼蟎 (B)前若蟎 (C)次若蟎 (D)雌成蟎。
13. 下列何者為疥蟎感染的主要方式？(A)直接接觸 (B)間接接觸 (C)環境傳播 (D)經由鼠類傳播。
14. 疥瘡，俗稱「癩」，一般疥瘡患者身上之疥蟎數目約幾隻？(A)<15 隻 (B) 20~30 隻 (C) 40~50 隻 (D) 100 隻以上。
15. 人疥蟎寄生在宿主表皮角質層的深處，雌蟎所挖的隧道每天能挖多長？(A) 2.5 cm (B) 10~15 cm (C) 10~15 mm (D) 0.5~5 mm。

MEMO

CHAPTER 07

書籍、衣服的害蟲

本章大綱

前言

居家環境中的溫、濕度過高，和室內的發霉現象有關，也會吸引來一些吃黴菌的小蟲子。處在濕氣重又不通風的環境下，木製家具、書櫃、紙箱、牆腳、天花板、床鋪等地方會比較容易孳生黴菌，如果家居中有漏水或滲水的問題，就容易成為書蝨孳生的主要原因，臺灣海島型氣候更是造成書蝨泛濫的幫凶。

在家中有沒有看過一種扁扁長長、頭尾兩端長有天線般觸鬚的小昆蟲？牠們叫作「衣魚」（俗稱蠹魚），多半在衣櫃、沙發、書架附近遊蕩，其已在地球上生存三億年之久，是活化石！衣魚是居家很常見的衣物蛀蟲，身體扁長柔軟，體長通常不到 1 公分，尾巴長著兩條尾毛和一根尾絲。衣魚身上布滿銀白色鱗片，因此有個好聽的英文名 Silverfish。

另外家中的浴廁、衣櫃、壁角、木門常會見到「移動的瓜子」，湊近一瞧原來是一隻蟲拖著「瓜子形的巢」在閒晃，有時候是吊掛在牆壁、天花板、樓梯等較陰暗、潮濕的角落，那些是衣蛾的筒巢（長度約 1 公分），看到牠們現身，得小心衣物和書本可能會被啃食！

7-1 書蝨的生態習性及防治

書蝨，學名稱為囓蟲(*Liposcelis corrodens*)，屬於昆蟲綱囓蟲目(Psocoptera)、書囓科(Atropidae)，此蟲遍布世界各地，全世界達 2,000 種以上。牠們常無聲息地隱藏在家中布滿塵埃的角落裡，其貌不揚、體型很小，行動速度快。齧齒蟲不吸血，過敏體質的人可能會因為牠引起皮膚過敏，出現皮炎症狀的可能性。在臺灣居家常見的書蝨種類有：穀粉茶蛀蟲(*Lipocelis bostrichophila*)和拉氏擬竊嚙蟲(*Psocathropos lachlani Ribaga*, 1899)二種。

齧齒蟲會為害各類儲藏物，在其繁盛時期為害尤為嚴重。常可發現於家具或牆角，有時會跳躍，又稱跳蟲。細小扁平呈白色、淡黃或灰色，通常都沒有翅膀，以黴菌及真菌為主食，大部分嚙蟲都可能在室內環境出現，並且對食品、圖書、標本與蒐藏品等造成直接或間接為害或汙染，造成管理上的困擾；此外有些嚙蟲被認為是能引起氣喘的過敏原。

一、特徵

書蝨(Book lice)頭及腹部較大，胸部較狹窄，體長 1.0~2.0 mm（圖 7-1）。咀嚼式口器，大顎堅強，左右不對稱，觸角呈線狀多節，三胸節皆可活動，翅退化。複眼由頭之兩側伸出，幼蟲體灰白或無色。

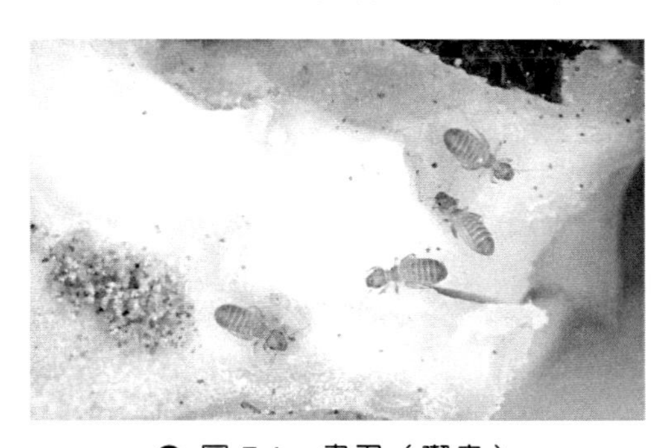

圖 7-1　書蝨（囓蟲）

二、生態

書蝨的生活史可分為卵、若蟲、成蟲三個齡期。書蝨可以孤雌生殖(Parthenogenesis)的方式繁殖，雌成蟲平均產卵 60 粒（白色），若蟲（透明白色）以黴菌為食。書蝨身體顏色呈白色、淡黃或褐色，在臺灣一年可孵育 6~8 世代。孵化的若蟲經過 4~6 週後會蛻皮為成蟲。成蟲壽命視溫度、濕度與食物充足度等環境因素而改變，通常從幾週到 2 個月不等。

書蝨的分布十分廣泛，大多數種類生活在野外，生活在樹幹、石縫、動物巢中，以一些菌類、種子及花粉的碎屑為食。有一些種類，與人類的生活有著密切的關係，例如書蝨，在居家環境中很常見，通常大量出現在潮濕、黑暗的角落，包括牆壁、床板、廁所等，其食用黴菌、穀物、麵粉、藥材、糖等各種食物，同時也會損壞羊毛織物、標本甚至書籍。因此，牠也是一種重要的倉儲害蟲。一般住家常發生因新裝潢木料潮濕未處理好，或是新的家具儲存不當，因此而將含有書蝨的裝潢材料或家具帶進來。

書蝨發生的主要因素是高溫和高濕，在此環境條件下，家中浴缸、洗手盆的排水管壁上黏附的汙垢很易發霉；其次，陰暗潮濕的房間，因為水分不容易蒸發；房間裡的木裝板、因濕氣致發霉的牆壁與壁紙、中央空調的通風口處的通道內、受潮的裝修木板，由於未經油漆處理容易潮濕及發霉；中央空調出風管道系統容易孳生蟎類、黴菌等小生物也是導致書蝨發生的孳生物。

三、習性

書蝨忌光線，性喜 25~30°C，相對濕度 75~90%的環境。書蝨常出沒的場所包括居家環境、社區校園、餐飲場所、企業工廠、食品工廠等。臺灣夏季濕熱，書蝨容易大發生。當新裝潢的房屋其室內所塗刷的黏膠乾燥時，書蝨就能在短時間內大量發生，環境潮濕時有利真菌的生長，書蝨以黏膠或濕的壁紙表面的真菌菌絲為主食，再加上體型小，很小的縫隙或角落就可以潛藏大量的蟲體，因此助長書蝨的為害。

四、防治

書蝨對人體的影響，比較常見的病例為接觸性及吸入性過敏性反應。為了預防書蝨的發生，房子盡量保持乾燥、防止黴菌生長，如有書蝨，防治時要同時噴殺菌劑和殺蟲劑才能有效防治，安全防治方法包括：

1. 降低室內相對潮濕度至 50% 以下（一般居家環境，室內溫度 25±1°C，相對潮濕度 55~65%，人體會感覺比較舒適）。
2. 室內陰暗的房間（儲藏室）要保持通風。
3. 使用吸塵器清潔居家死角、食物碎屑。
4. 以 ULV（超低容量）噴霧機噴灑合成除蟲菊精殺蟲劑。
5. 用 2%福馬林混合煤油劑，噴灑於發霉的牆壁、陰暗潮濕的角落可殺黴菌。
6. 可使用含氯消毒粉（片）加水製成消毒液，對發霉的牆壁等物品進行擦拭，可有效防止黴菌再次生長。
7. 乾燥劑、矽膠、萘丸亦有防治之功效。

7-2 衣魚的生態習性及防治

衣魚屬衣魚目(Zygentoma)、衣魚科(Lepismatidae)、衣魚屬(*Lepisma*)。在地球上已經出現約三億年，是一種很古老的昆蟲。衣魚俗稱蠹、蠹魚、白魚、壁魚、書蟲或衣蟲是一種靈巧、怕光、無翅的昆蟲，身體呈銀灰色，因此也有白魚的稱號，嗜食糖類及澱粉等碳水化合物。

平時家裡的衣物、書本都可能受衣魚啃食；若擺放多時的紙張，邊緣出現了不規則的缺口、孔洞，即有可能是衣魚所造成的。衣魚啃食過的地方，周圍也常留下黑色，細小如沙粒般的糞便。因其取食偏好，衣魚也會破壞博物館、圖書館中的文物或文件資料，讓民眾不得不提防牠們，以免毀損重要的古籍檔案。因此，衣魚被列為是居家害蟲。

一、特徵

衣魚的體長約 6.5~9.0 mm。觸角又長又嫩，只有三節體節有足；脫皮三次後，銀灰色的鱗片便會長成，使其身體帶有一種金屬般的光澤。頭部有細長 30 節以上的絲狀觸角，多數有明顯的小型複眼一對，腹部有三對，能疾走、跳躍的腳，行動敏捷，尾部有三根長毛，因此被稱為「總尾目」或「纓尾目」。

在臺灣，室內較常見的衣魚(Silverfish)有三個品種，茲介紹如下：

(一) 臺灣衣魚(*Lepisma saccharina*)

英文名稱 Silverfish，體長約 9~15 mm，種名 Saccharina 表示此種衣魚的飲食由醣類或澱粉等碳水化合物組成。臺灣衣魚體型細長，無翅，身體上布滿了鱗片，口器為咀嚼式（圖 7-2）。屬夜行性昆蟲。剛孵出的幼蟲身體呈白色，隨著蟲齡的增長，體軀會呈現灰色調和金屬光澤，喜群居於濕冷的地方。是家居室內較常見的衣魚。

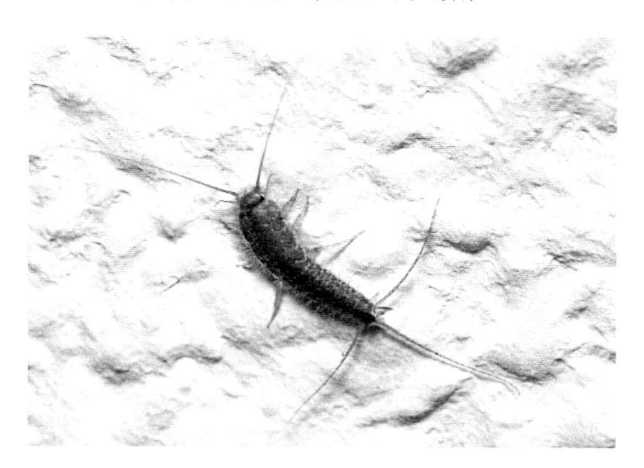

圖 7-2　臺灣衣魚

(二) 斑衣魚(*Thermobia domestica*)

英文名稱 Firebrat (圖 7-3)，體長約 8.5~15 mm，無變態發育，一生蛻皮多達 60 次。斑衣魚和衣魚有很多相似的地方，斑衣魚體色乳白上被暗色鱗片有黑色斑點和絨毛，頭部呈半圓形，觸角極長，幾乎達身體的 2 倍。胸部甚大、長於體之一半，其背側有暗褐鱗片，密布若雲，故稱斑衣魚。

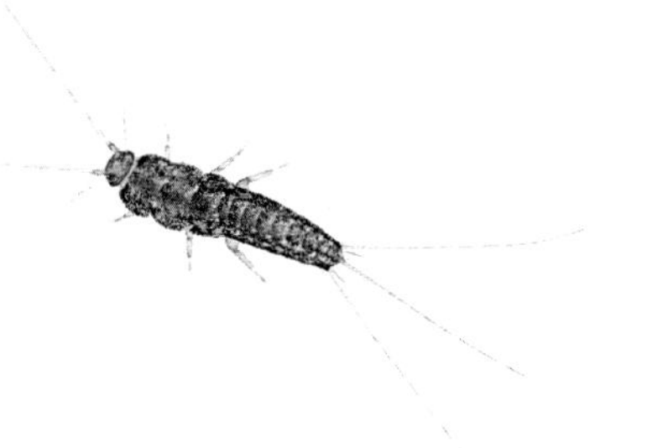

圖 7-3　斑衣魚

喜溫暖濕潤的環境。常出沒於民眾聚集地及居家裡的各種地方，如冰箱底部、開暖氣的浴室、地磚的裂縫裡都可能會有衣魚的蹤影。斑衣魚喜歡咬破書籍、纖維及紡織品。斑衣魚常群聚於麵粉工廠、麵包店等溫暖的環境，牠們非常喜歡進食麵粉和麵包，偶爾也會啃食動物製品。

（三）絨毛衣魚(*Ctenolepisma villosa*)

體長約 8~9 mm，具暗灰色或銀色鱗片及絨毛（圖 7-4）。主要為害書籍、衣服、小麥、麵包等。耐饑力強，可絕食一年以上。卵期約 43 日，室溫下 2~3 星期可脫皮一次，約 3~4 個月可變成蟲；成蟲後的絨毛衣魚，仍可以繼續脫皮。絨毛衣魚的壽命甚長，約可活 2~3 年。對人類居住的依賴性較小，在居家室內和室外偶有發現，大部分皆分布在環境溫暖的地區。

圖 7-4　絨毛衣魚

二、生態

衣魚屬於無變態(Ametabola)昆蟲，生活史包括卵、幼蟲（仔蟲）與成蟲 3 階段，幼蟲到成蟲的成長過程中，除了大小有別之外，外形、生態和習性都沒有變化(Ametabolous metamorphosis)。

(一) 生長發育期

從幼蟲到成蟲約需 4~6 個月。溫度變化頻繁或溫度過低，幼蟲發育為成蟲約需 1~3 年。衣魚的發育為無變態，幼蟲到成蟲要蛻皮 8 次，成蟲期仍脫皮，多達 19~58 次，壽命約 2~8 年。第一齡幼蟲體長約 1 mm，乳白色、不活躍，脫皮後體長會增加，成長到第三齡期時身上才有鱗片產生，第四次脫皮後才出現腳基突起。衣魚可自空氣中吸收濕氣。成蟲體長約 8~15 mm，觸角呈絲狀，口器原始，尾部具三條長毛，足末端有爪，有助於牠們在粗糙面攀爬。

(二) 衣魚的繁殖

衣魚的繁殖能力強，交配在夜間進行。雄衣魚會為了爭配偶爾打鬥，雄蟲會做追求的動作，跟在雌蟲身邊到處竄動。雄蟲會產下一個用薄紗包住的精囊，由於生理狀態成熟，雌蟲會找到該精囊，拾取作受精用。

(三) 衣魚的壽命

依不同生活環境而定，衣魚從幼蟲變成蟲需要至少 4 個月的時間，有時候發育期會長達 3 年。在室溫環境下，大概一年就發育為成蟲，壽命約為 2~8 年。

(四) 傳播與遷徙

衣魚可隨器物搬遷而傳播，當書櫃、書架、書箱搬運時，其中成蟲、幼蟲、卵可隨之傳播到異地。衣魚也可隨圖書的借閱而擴散，書中的毛衣魚隨圖書到教室、宿舍和家庭，成為這些環境中的儲藏害蟲；其次，衣魚在某孳生環境中，若環境適宜其孳生，蟲口密度迅速增加，衣魚也會因蟲口密度過高，相互爭奪生存空間而相殘，部分毛衣魚因其而向周圍環境中擴散。此外，衣魚也可因氣候或環境不利其孳生而主動遷徙。

三、習性

衣魚的孳生地為書櫃、書架、書捆、地板縫、舊書堆間隙及舊書中。衣魚具負趨光性，因此常躲藏在黑暗處，晝伏夜出。衣魚對溫、濕度反應敏感，適宜衣魚孳生的環境溫度為 16~30℃，相對濕度為 75~95%。當溫度和濕度不適宜衣魚孳生時，衣魚就會向溫暖、濕度適宜的環境中遷移。在低溫或乾燥的環境下，衣魚是不會交配的，衣魚喜好於潮濕的環境下生殖。家居裡的各種地方，如冰箱底部、開暖氣的浴室、地磚的裂縫裡都可能發現有衣魚的蹤影。

衣魚的食性愛好的食物為澱粉質或多糖質物品，如：膠水（葡聚糖）、漿糊、書籍、照片、糖、毛髮、泥土等；衣魚對棉花、亞麻布、絲、人造纖維、昆蟲屍體、皮革製品、人造纖維布匹和自己脫的皮也照吃，含糖豐富的食物對其更具有誘惑力。衣魚主要危害書籍、衣服、小麥、麵包等，耐饑力強，可絕食一年以上。

四、防治

衣魚的天敵包括地蜈蚣、蜘蛛（白額高腳蜘蛛；旯犽）、蠅虎、蠼螋等。捕食衣魚最有名的天敵是蠼螋；衣魚為防止蠼螋、蜘蛛、蠅虎等天敵的捕食，牠停息時會不停地擺動著尾梢，誘使天敵將注意力集中到尾梢上來，當尾巴被天敵抓住，分節的尾毛即斷掉，主身體便可乘機逃脫。

衣魚的居家防治方法包括：

1. 混合比例為 1：1 的硼砂和砂糖，能有效殺除衣魚。
2. 氯化銨水的氣味能於 24 小時內驅趕衣魚。
3. 使用樟腦丸、萘丸可以讓衣魚不敢靠近。

7-3 衣蛾的生態習性及防治

衣蛾是被認為會取食衣料的小型蛾類，牠們屬於鱗翅目(Lepidoptera)蕈蛾科(Tineidae)當中幾個不同的屬，包括 Tinea、Tineola、Monopis、Phereoeca 等。臺灣居家環境最常見的衣蛾為 *Phereoeca uterella*，由於牠們攜巢生活的習性，英文稱為"Household casebearer"，意為「家中負巢者」。另一種廣泛分布於全世界的衣蛾叫做 *Tinea pellionella*，牠們同樣會造可攜式的巢，英文名為"Casemaking clothes moths"，就是指會造巢的衣蛾。有些衣蛾並不會造這樣的巢，例如同樣廣泛分布於全世界的 *Tineola bisselliella*，牠們會將吐出的絲滾捲一番，造出可以棲息的網道，因此英文名稱是"Webbing clothes moths"，就是指會織衣的衣蛾。屬於完全變態類昆蟲，生活史包括卵、幼蟲、蛹、成蟲 4 個階段，其中幼蟲期與蛹期皆在筒巢中度過。

一、特徵

衣蛾幼蟲是一個小型白色的毛毛蟲，藏在一個絲質的袋狀物或網狀物（稱為筒巢）內，在牆壁上可見到一個黏著水泥的紡錘形絲袋，內有一深褐色頭的幼蟲。成蟲為淺黃色的蟲，懼光。在臺灣，居家環境中常見的衣蛾種類有以下二種：

(一) 壺巢蕈蛾(*Phereoeca uterella*)

俗稱衣蛾或家衣蛾（圖 7-5）。卵為乳白色橢圓形，約 0.4 mm。幼蟲圓柱形具環節，頭部為扁球狀，體色乳白或灰白色，頭、胸前節褐色或具褐斑，幼蟲生活於居家牆壁或衣櫃環境，吐絲結巢形狀像橢圓形的扁袋子，筒巢呈現紡錘形，灰白色，寬度可至 4.0 mm，長度則可達 8.0 mm（圖 7-6）。幼蟲體長約 1.5~8.0 mm，頭部呈暗褐色，骨化程度較深；身體米白色且光滑，胸足發達，腹部末端較寬。成蟲展翅長約

8~13 mm，觸角絲狀，長度約與前翅前緣等長。前後外緣與後翅後緣著生有整排長毛，前翅有數個深褐色斑塊，後翅顏色較淡而無明顯翅紋。頭部灰黃色具鱗毛，觸角細長，複眼黑色，體色灰黃色，前翅具黑色斑紋，後翅透明細長，翅端簑衣狀，雌雄外觀近似，雄蟲體型較小。本屬 1 種，幼蟲以布料、毛料等纖維為食，成蟲後就不再進食，成蟲夜行性，在室內的燈光下可見到牠們飛行。

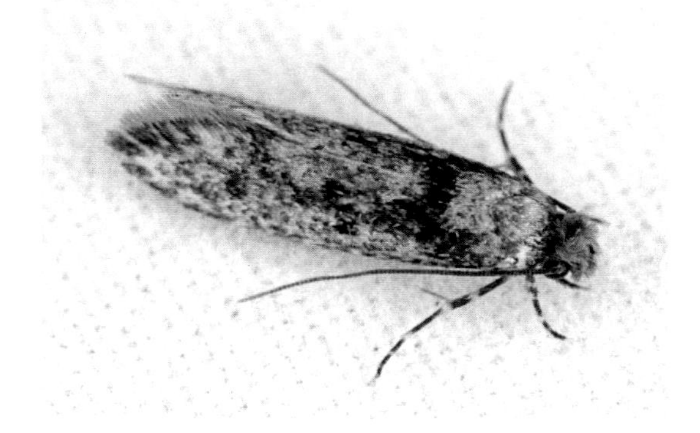

圖 7-5　壺巢蕈蛾成蟲

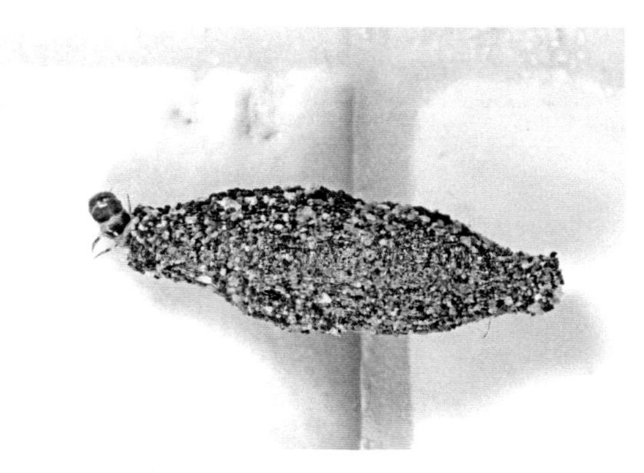

圖 7-6　壺巢蕈蛾筒巢（內藏一衣蛾幼蟲）

(二) 袋衣蛾(*Tineola bisselliella*)

俗稱瓜子蟲(圖 7-7),也稱衣蛾、幕衣蛾、織網衣蛾,是蕈蛾科袋衣蛾屬下的兩個物種之一。袋衣蛾體型偏小,完全成熟的幼蟲長度約 10~12 mm,筒巢長約 8.0 mm(圖 7-8)。在牆壁上可見到一個黏著水泥的紡錘形絲袋,內有一深褐色頭的幼蟲;為淺黃色的蟲,懼光,如將其捏死會發出難聞氣味。衣蛾成蟲體長 6~7 mm,翼展約 9~16 mm。成蟲身體帶有光亮的金色的鱗片,頭呈金紅色,觸角比身體的其餘部分顏色偏暗。雌成蛾比雄成蛾略大一些。成年的雌蛾可存活 3~4 個星期,交配期間會在衣料表面產卵 35~50 粒。

圖 7-7 袋衣蛾成蟲

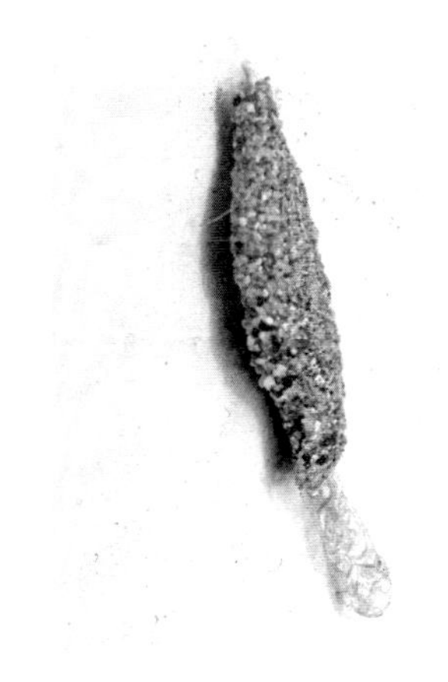

圖 7-8 袋衣蛾筒巢(成蟲已羽化的空筒巢)

二、生態

衣蛾的生活史分為卵、幼蟲、蛹及成蟲四個時期。成蟲將卵產在皮毛、羽毛、皮品、毛或汙穢的絲綢上。幼蟲會吐絲作繭，兩端開口供取食及行動。幼蟲在繭中成長，隨著蟲體逐漸長大，衣蛾的筒巢也會從中心處慢慢往外「擴建」成適合的大小，幼蟲在巢穴中可以自由轉身，筒巢中的溫度和濕度較為固定，筒巢具兩端開口，蟲體可伸出來活動或攝食。化蛹時，則會吐絲將筒巢懸掛在牆上或天花板上；化蛹時幼蟲仍在繭中，直到成蟲羽化為止。

（一）卵

呈白色，柔軟圓形，5 天之內孵化成幼蟲。

（二）幼蟲

呈白色奶油狀，有光澤，完全成熟的幼蟲長度約 10~12 mm。幼蟲是一個小型白色的毛毛蟲，藏在一個絲質的袋狀物或網狀物（稱為筒巢）內，在牆壁上可見到一個黏著水泥的紡錘型絲袋，內有一深褐色頭的幼蟲。幼蟲期共為 35~40 天，幼蟲在繭中成長，化蛹時仍在繭中；蛹期約 6~8 天，直到成蟲羽化為止，成蟲期約 13~15 天。

（三）成蟲

頭部有兩根鞭狀觸角，眼部呈黑色。腹部、胸部為澄黃色，翅膀呈不透明且有斑點，後面具有緣毛。成年的雌蛾可存活 3~4 個星期。交配後成蟲會將卵產在皮毛、羽毛、皮品、毛或汙穢的絲綢上，大約產 35~50 粒卵。

衣蛾的壽命會隨著種類、環境的溫濕度、食物來源的充足度而不同。以臺灣居家環境最常見的家衣蛾(*Phereoeca uterella*)為例，雌蟲 1

次能產下 50~200 顆的卵，這些卵約 10 天後孵化為幼蟲，經過約 50 天後化蛹，蛹期約半個月，而後羽化為成蟲，成蟲壽命約半個月。

三、習性

牆壁、天花板、樓梯等處，較陰暗潮濕的角落，常可見到衣蛾的筒巢靜靜固定在牆面，無特定出現時間。大樓地下室、儲藏間，衣蛾數量比居家內還多；衣蛾筒巢常出現在蜘蛛網附近。

衣蛾以羊毛、毛髮、毛皮、羽毛為食，幼蟲行動緩慢，會破壞紡織品，在圖書館或博物館會危害動物標本（成蟲並不取食）。成蟲將卵產在皮毛、羽毛、皮品、毛或汙穢的絲綢上。特別喜愛紡織品沾有食物或其他汙染，衣領或衣服摺疊處也可見到衣蛾的蹤跡，純棉的衣物較不易受害。

除了居家環境的毛料碎屑之外，衣蛾的幼蟲也會取食動物風乾的屍體，具有法醫昆蟲學上的研究價值。

四、防治

（一）預防概念

1. 衣蛾喜歡潮濕、陰暗、無風的環境，因此需定期維持家中乾燥通風，並且定期打掃整頓環境，減少衣蛾的食物來源，可以有效減少衣蛾的數量。
2. 鑑定衣蛾存在與否的方法：檢查舊衣箱的盒子、毛皮、羽毛枕頭、鋼琴墊子、老式填塞紡織品的家具、地毯等是否有孔洞；或在牆壁是否有繭（筒巢）。

3. 圖書館、博物館等館藏品收藏時應先檢查，定期檢查並行熏蒸處理；且保持環境低溫、低濕並加以清潔。
4. 衣蛾發生後再處理恐難清除完全。換季時衣服務必清洗烘乾後再放入乾淨的衣櫥，可減少危害蟲的發生。

（二）衣蛾的防治方法

1. 當衣櫃出空時，以陶斯松(0.5% Chlopyrifos)或大利松(0.5% Diazinon)等噴灑衣櫃。
2. 衣物可在陽光下曝曬或紫外線消毒。
3. 經處理後將衣服放回，衣櫃要關緊，在上層放一些樟腦丸或奈丸等。
4. 勿把有沾到汙泥、汗味的衣服放入衣櫥，易吸引衣蛾。

課後複習

1. 在臺灣，哪一個季節書蝨容易大發生？(A)春季　(B)夏季　(C)秋、冬季節　(D)全年皆發生。
2. 將居家環境的相對濕度(RH%)調降至多少以下，可以有效防止書蝨的發生？(A) 50%　(B) 60%　(C) 70%　(D) 80%。
3. 下列何種昆蟲可行孤雌生殖(Parthenogenesis)的方式繁殖？(A)衣蛾　(B)衣魚　(C)書蝨　(D)以上皆可。
4. 下列何者是導致書蝨發生的孳生物？(A)黴菌　(B)穀物、麵粉　(C)真菌菌絲　(D)以上皆是。
5. 下列哪一個品種是家居室內較常見的衣魚？(A)臺灣衣魚　(B)斑衣魚　(C)絨毛衣魚　(D)以上皆是。
6. 衣魚被稱為「總尾目」或「纓尾目」，牠的尾部有幾根長毛？(A)一對叉型長毛　(B)三根長毛　(C) 二對叉型長毛　(D) 五根長毛。
7. 衣魚的成長過程屬於何種變態昆蟲？(A)完全變態　(B)漸進式變態　(C)半變態　(D)無變態。
8. 下列何者是衣魚的天敵？(A)蠼螋　(B)蠅虎　(C)旯犽　(D)以上皆是。
9. 居家環境中常見的一種小型白色的蟲，藏在一個絲質的袋狀物或網狀物（稱為筒巢）內，懸吊在牆壁上，是何種昆蟲？(A)衣魚　(B)書蝨　(C)衣蛾　(D)蛾蚋。
10. 下列何種昆蟲常被稱為「家中負巢者」？(A)蜘蛛　(B)衣蛾　(C)蛾蚋　(D)絨毛衣魚。
11. 下列何種昆蟲是居家中書籍、衣服、毛料、皮製品等的害蟲？(A)書蝨　(B)衣蛾　(C)衣魚　(D)以上皆是。

12. 下列何種居家環境的昆蟲，具有法醫昆蟲學上的研究價值？(A)衣蛾 (B)蠹魚 (C)書蝨 (D)衣魚。

CHAPTER 08

戶外的害蟲

本章大綱

8-1　虎頭蜂的生態習性及防治
8-2　馬陸的生態習性及防治
8-3　姬緣蝽象的生態習性及防治

前言

在臺灣的夏、秋季節，民眾到郊外踏青機會增多，被虎頭蜂螫傷事件頻傳。虎頭蜂屬於社會性昆蟲，會共同防禦，每到秋天蜂窩增長快速，要是進入虎頭蜂的警戒區，可能會激怒蜂群而遭到攻擊。別輕忽小小的昆蟲叮咬，嚴重時可能造成過敏性休克，引發致命危險。

每年 6~8 月間，是馬陸的繁殖季節，在戶外很常見，馬陸被觸碰後，牠的身體會扭轉成螺旋形，能噴出有刺激性氣味的防禦液體，人體皮膚不慎接觸後會導致口唇過敏性水腫等，嚴重的可致明顯的紅斑、疱疹和壞死。2017 年 6 月間因為臺灣的天氣變化劇烈，異常悶熱，桃園市區竄出了上萬隻「馬陸」，當地居民說住了二十年，頭一次看見這種情況（中視新聞報導）。當馬陸群集出現時，通常是在颱風或大雨發生時，就會有馬陸集體出現的情形發生。所以在潮濕、長滿青苔的岩石、樹幹上或小山溝裡，容易見到馬陸的蹤影。

每當冬末、春初，臺灣欒樹果實成熟時，樹幹、樹下總是會出現成千隻鮮豔紅色的小蟲集聚，無需過度擔憂，牠就是姬緣蝽象。姬緣蝽象不叮咬人類，不傳播病菌，也不會使植物發生疾病；牠和臺灣欒樹純屬共生關係。

所謂有害生物(Pest)：是泛指所有會對人類或人類日常生活所關注的物種（如家禽、家畜或寵物）有害的動物或植物，家居環境中會對人們造成滋擾的物種亦屬於「有害生物」的範疇。害蟲是人類對一些節肢動物（大多屬於昆蟲綱）的主觀定義，這些動物往往會對人類的生活產生負面影響，即使有部分不會損害人體健康，卻會損害植物或人類所擁有的物資。若民眾面對群聚的姬緣蝽象，沒有造成視覺上的滋擾或產生負面影響，就不應將牠稱為害蟲。因此，本章所要介紹的虎頭蜂、馬陸和姬緣蝽象到底是不是害蟲呢？請看以下介紹。

8-1 虎頭蜂的生態習性及防治

胡蜂(*Vespa*)又稱虎頭蜂，屬於膜翅目(Hymenoptera)、細腰亞目(Apocrita)、胡蜂科(Vespidae)、胡蜂屬(*Polistes*)，全世界有二十三種。胡蜂在臺灣以及中國南方的一些地區俗稱虎頭蜂，以其外形及大顎而得名，是一種具有危險性的昆蟲，通常虎頭蜂會攻擊巨大的生物。臺灣常見螫人的蜂類為胡蜂（俗稱黃蜂）及蜜蜂（義大利蜂及中國蜂；野生蜜蜂），在胡蜂科中個體較大體內毒液較多的虎頭蜂有七種：(1)臺灣大虎頭蜂、(2)姬虎頭蜂（黑尾虎頭蜂）、(3)擬大虎頭蜂、(4)黑腹虎頭蜂、(5)黃腳虎頭蜂、(6)黃腰虎頭蜂、(7)威氏虎頭蜂。

虎頭蜂毒液含有「致死蛋白」，是一種具有分解磷脂質活性的磷酸酯酶(Phospholipase A1)，它會破壞紅血球，有間接溶血作用，溶血強度約為一般蜜蜂毒素所含磷酸酯酶(Phospholipase A2)的兩倍。虎頭蜂毒液中另含有鹼性蛋白(Basic protein)，它能直接溶血，和磷酸酯酶有加成作用。虎頭蜂蜂巢，警戒範圍約在直徑 100 公尺上下，其中以黑腹虎頭蜂的警戒區域最大。攻擊性與氣候有關，如氣候燥熱或遇陰雨天，或季節轉變時，如秋、冬之季節，蜂群較不穩定，易有攻擊性。

一、特徵

虎頭蜂具有的共同特徵，包括頭部的比例極大、嘴部大顎強而有力，腹部末端的螫針和毒腺相連，蜂毒是由許多胺基酸組成之毒蛋白，會使人出現中毒現象，如紅腫、奇癢、刺痛、灼熱等過敏現象，嚴重時引起患者休克死亡。主要以捕捉其他昆蟲來哺育幼蟲，同時均具有較強的毒性和攻擊性，若遭叮咬，甚至有致命的可能性。在臺灣，常見的虎頭蜂種類及其特徵介紹如下：

(一)黑絨虎頭蜂(*Vespa basalis*)

俗稱為黑腹虎頭蜂、雞籠蜂(臺語)、黑尾仔(臺語)(圖 8-1)。蜂后體長 25~28 mm，雄蜂約 25 mm，工蜂 18~22 mm。臺灣產虎頭蜂中，僅本種腹部黑色。頭部紅褐色，兩眼間有 3 枚單眼，前胸背板橙紅色，中胸背板黑色，下緣中央有一枚橙斑，中胸盾板橙紅色，腹部黑色，第一腹節下緣兩端有不明顯的褐色環紋，翅膀黑褐色，近基部顏色較淺，體表密生絨毛。主要分布在低、中海拔 1,000~2,000 公尺的山區，是臺灣最兇猛、毒性最強、攻擊指數最高的虎頭蜂。一旦其領域被侵犯或騷擾時，馬上會對入侵者發動攻擊，追擊的範圍可遠達 50~100 公尺。3~4 月越冬後蜂后開始築巢，5~6 月族群龐大後會遷移到約 10 公尺的大樹上，巢口面對寬闊的空間，巢型球狀，築巢的速度很快，只要數個月就能造出如藍球般大小的巢，型狀漸呈橢圓長形，巢脾一般 10~30 個，巢房高達 40,000 多個，7~8 月以後蜂窩快速增大，可達 10 多片巢脾，成蜂數目往往高達上萬隻，蜂群多在 11 月下旬瓦解，冬日牠們會分散至地底越冬，等春天暖和季節再回到原來的巢裡群聚。黑腹虎頭蜂其蜂窩的形狀酷似傳統的竹編雞籠，故俗稱雞籠蜂。蜂窩巢頂呈圓錐形，外有厚殼覆蓋，內有多層圓形巢脾，層與層及外殼之間有許多柄相連。

圖 8-1　黑絨虎頭蜂

（二）中華大虎頭蜂(*Vespa manderinia*)

別名為中國大虎頭蜂、大虎頭蜂、臺灣大虎頭蜂、土蜂仔、大土蜂（臺語）、金環胡蜂（圖 8-2）。后蜂體長 40~50 mm，雄蜂 35 mm，工蜂 28~36 mm。本種為世界體型最大的虎頭蜂。頭部及臉部橙黃色，觸角暗褐色，臉頰特別寬而發達。胸部黑褐色，前胸兩側有暗紅色斑點，六足暗褐色。腹部暗紅褐色，末節橙黃色，各節末端有極細的黃圈。攻擊指數僅次於黑腹頭蜂排名第二。主要分布於中海拔 1,000~2,000 公尺山區，雌蟲築巢於樹洞、土穴裡，蜂巢具外殼，出口縮窄，巢型擴大時會將穴中的土粒搬出於外，與附近環境相較明顯看得出是新土，3~4 月開始築巢，8~11 月為發生高峰期，習性兇猛，毒性強，與黑絨虎頭蜂為臺灣危險性最高的兩種虎頭蜂，被螫嚴重會致死。是體型最大（世界上最大的虎頭蜂之一）、毒液最多的虎頭蜂，也是最令養蜂人擔憂的虎頭蜂。本種因築窩於地底，而俗稱土蜂；巢位不易被發現，常導致人員家畜不慎誤觸而引起大量傷亡。

圖 8-2　中華大虎頭蜂

（三）黃跗虎頭蜂(*Vespa velutina*)

俗稱為黃腳虎頭蜂、赤尾虎頭蜂、花腳仔（臺語）（圖 8-3）。本種蜂后體長 29~31 mm，雄蜂 21~23 mm，工蜂 20~22 mm。體表密生絨毛，頭部暗橙紅色，觸角暗褐色。胸部黑色，前胸暗橙紅色。腹部第 1~3 節黑色，各腳脛節以下黃色，此特徵成為本種中名的由來。主要分布在低、中海拔 1,000~2,000 公尺的山區，領域性很強，攻擊指數僅次於中華大虎頭蜂排名第三。

黃腳虎頭蜂廣泛分布臺灣各地，從低海拔到高海拔山區皆可發現，為臺灣山區的優勢種。每年 3~4 月間開始於土穴中築巢，5~6 月間蜂巢遷移到高大的樹枝上，巢的出入口初呈圓形，隨蜂巢增大周圍逐漸突出並隆起，9 月至隔年 1 月最多見，常見飛入野蜂巢洞裡示威或偷蜜，能暫停空中飛行。蜂群越冬不明顯，冬季仍可見個體活動。蜂窩巢頂呈圓錐形，外有厚殼覆蓋呈虎皮花紋狀，巢的直徑約 15~40 cm 不等，最大可達 40 公斤，內有多層圓形巢脾，蜂室數目可達上萬個，層與層及外殼之間有許多柄相連。

圖 8-3　黃跗虎頭蜂

(四) 姬虎頭蜂(*Vespa ducalis*)

俗稱為雙金環虎頭蜂、黑尾虎頭蜂（圖 8-4）。蜂后體長為 36~38 mm，雄蜂 30~32 mm、工蜂 36~38 mm。本種體型僅次於中華大虎頭蜂。臉部及頭部橙黃色，觸角紅褐色。胸部黑色，前胸及背面後方橙黃色。腹部黑色，第 1、2 腹節橙黃色，並各有一圈深色環帶。六足暗褐色，僅前足脛節暗黃色。

圖 8-4　姬虎頭蜂

主要分布於低中海拔 500~1,500 公尺山區，是體型第二大的虎頭蜂。此種蜂的築巢行為跟中華大虎頭蜂一樣，主要築巢於土穴。本種於 4~5 月間開始築巢於現成的土穴、石穴或樹洞中，故不易發現。巢脾數目少，蜂室數目數百個，故成蜂數目多在 100~200 隻之間。常出現在蓮霧、龍眼、水梨吸食掉落的腐果，會攻擊長腳蜂、異腹胡蜂的巢，捕食其蛹、幼蟲，為此蜂一大特性。

(五) 黃腰虎頭蜂(*Vespa affinis*)

別名為黃腰仔、黑尾虎頭蜂、三節仔（臺語）、臺灣虎頭蜂、黃尾虎頭蜂（圖 8-5）。蜂后體長 28 mm，雄蜂 22 mm，工蜂 22 mm。本種頭部、觸角，胸部及六足紅褐色，中胸背板黑色，中間常有不明顯紅褐色

“M”字斑。腹部第 1、2 節鮮黃色，其餘各節黑色，極易辨認。黃腰虎頭蜂廣泛分布本島平地、丘陵地至海拔 1,000 公尺以下山區，蘭嶼也有紀錄。

本種是市區或郊區最常見的虎頭蜂，也是養蜂場最普遍的捕蜂害蟲。3~4 月間開始築巢，蜂巢多半在低矮的樹枝上、地表的草叢、屋簷下、窗臺外，少數蜂巢在較高的樹上或低矮的樹叢中。蜂巢略成圓球形，巢脾數目 5~10 個，巢房數目 4,000~10,000 個。9 月份蜂群的數目可達 600~1,000 隻之間，秋天巢型最大；蜂群解體較早，多在 11 月下旬。到了冬天所有蜂家族自然死亡僅剩女蜂王和卵越冬。

圖 8-5　黃腰虎頭蜂

（六）威氏虎頭蜂(*Vespa vivax*)（亞種 *Vespa wilemani*）

別名壽胡蜂（圖 8-6）。雄蜂體長 21~22 mm，工蜂為 20 mm。本種頭、胸，觸角及六足暗紅褐色，腹部黑色，第 4 節鮮黃色，是主要特徵；腹部第 2~3 節腹面有黃色斑。主要分布於海拔 1,500~2,500 公尺的中、高海拔山區。本種於 4~5 月間開始築巢，蜂巢多築於 3~4 公尺高，接近溪谷的樹枝上，但亦曾發現有築巢於陡峭石壁上的泥土縫隙中。

圖 8-6 威氏虎頭蜂

（七）擬大虎頭蜂(*Vespa analis*)

別名為正虎頭蜂（臺語）、小型虎頭蜂（圖 8-7）。蜂后體長 26~32 mm，雄蜂 23~26 mm，工蜂 22~27 mm，外形酷似中華大虎頭蜂，但體型較小，側面看時，臉頰約與複眼同寬。臉部及頭部橙黃色，觸角及六足腿節黑褐色，各脛節及跗節淡黃褐色。胸部及腹部暗紅褐色，中胸背板黑色，腹部各節末端有淡色環，末節呈鮮黃色。

圖 8-7 擬大虎頭蜂

主要分布本島海拔 1,000~2,000 公尺中海拔山區，高、低海拔地區數量較少。築巢於樹枝上、草叢中或屋簷下，築巢的位置、過程、形狀與黃腰虎頭蜂相似，主要差異在於本種蜂巢外殼的斑紋特別明顯，建造在草叢中的蜂巢顏色常呈黑褐色。巢脾數目 4~6 個，巢房數目

700~1,500 個。巢裡的成員包括一隻產卵的蜂后以及大量的工蜂、少數的雄蜂，擬大虎頭蜂屬於個性較溫馴，攻擊性較低的虎頭蜂。

二、生態

胡蜂屬於昆蟲綱、膜翅目、胡蜂科，胡蜂為社會性昆蟲，雌蜂具有螫針，發育過程包括：卵、幼蟲、蛹、成蜂。授精卵發育為雌蜂，未授精卵發育為雄蜂。在臺灣，每年 4~7 月為胡蜂越冬後新蜂王的築巢期。胡蜂的食性為雜食性，不像素食的蜜蜂單純以採花粉和花蜜維生。胡蜂除了吸食花蜜，也吸植物的汁液、熟透或腐爛的水果、果皮汁液，連小毛毛蟲或是其他小型昆蟲牠也會吃。因此，胡蜂又被稱為「肉食性昆蟲」。

表 8-1 胡蜂與蜜蜂的差異

特徵＼品種	胡蜂(*Vespa* spp.)	蜜蜂(*Apis* spp.)
蜂巢性質	紙漿	蜂蠟
蜂巢	胡蜂巢外形呈圓球狀（圖 8-8）	蜜蜂巢呈片狀（圖 8-9）
巢脾	木質纖維六角形蜂房具外殼	蠟質六角形蜂房不具外殼
分巢	一年一次	七~八年一次
螫針型態	螫針不具明顯倒鉤可以重複使用	螫針末端有明顯突起之鉤刺，螫了人會將整個毒囊拖出，而留在皮膚上
食性	雜食性（肉食性）	以植物的花粉和花蜜為食
蜂王壽命	一年	多年

圖 8-8 胡蜂巢

圖 8-9 蜜蜂巢

在臺灣，胡蜂不僅扮演捕食者角色，也擔綱授粉者的重責大任。小型的胡蜂主要捕食鱗翅目幼蟲，像是如夜蛾、尺護蛾、捲葉蛾等，其次是膜翅目的小型蜂類，雙翅目蠅類的成蟲及幼蟲等；大型的胡蜂類會捕食蝗蟲、蟋蟀等較大的昆蟲及蜘珠等。胡蜂的捕蟲能力很強，每隻工蜂捕捉的害蟲數每天可達 3~5 隻，一個黑絨虎頭蜂(*Vespa basalis*)的族群一年約可捕捉 120 萬隻的森林害蟲，對維持生態平衡助益良多。但每隻虎頭蜂每天約捕捉 1~3 隻蜜蜂，對蜂農的威脅亦大。

三、習性

虎頭蜂的活動範圍都是在平地至大約 1,500 公尺山地以下，築巢一般在樹枝、地窟內，小的巢有數千隻，大者多達兩萬餘隻蜂。為了採食及築巢安家，成蜂常在花叢中、樹蔭下，以及屋簷、枯墓地、糖果廠、垃圾堆、水果攤、雜木林等處活動。主要覓食行為都在捕捉其他昆蟲、鱗翅目幼蟲或其他蜂類幼蟲，咬成肉團攜回蜂巢。因為虎頭蜂幼蟲必須攝食大量肉類蛋白質。虎頭蜂幼蟲同時在消化肉類後，會反哺高胺基酸的流質液體供成蟲食用。

根據虎頭蜂生態研究，通常虎頭蜂在人煙罕至的地方築巢，牠的翅膀有力，能飛行遠達數公里往返覓食。只要找到遮風蔽雨的地點就能停留，覓食的飛行距離不是問題，樹枝、樹洞、草叢、地穴乃至於房子的屋簷、露臺下方，都是虎頭蜂安全的棲身之所。虎頭蜂通常在初夏開始築巢，秋天完成築巢工作，並頻繁外出覓食準備過冬。築巢時為保護蜂巢，最容易群起攻擊人。

➲ 虎頭蜂的組織行為

常見到的虎頭蜂按照任務區別，可分為採集蜂、守衛蜂、巡邏蜂及攻擊蜂，茲介紹如下：

（一）採集蜂

較老的虎頭蜂約有一半擔任外出採集工作，通常在花園、果園、垃圾場或養蜂場附近出現，多半不會主動螫人，甚至還會刻意避開人們。採集蜂採收足夠的食物後，會直線飛回蜂巢。如果在飛行途中，遇到疑似敵害，將立即變成攻擊蜂。大多數胡蜂覓食距離不超過 160 公尺，約 90%覓食距離在 50~400 公尺之間。

（二）守衛蜂

由另一半較老的虎頭蜂擔任守衛工作，在蜂巢內的出入口，觀察附近的環境是否有敵害入侵。也會用觸角檢查回巢的採集蜂，是否是自家夥伴，一般人不容易看到牠們的行蹤。

（三）巡邏蜂

巡查蜂巢表面及附近樹枝上的敵害，蜂巢只要受到輕微的騷擾振動，守衛蜂會立即飛出巡邏，也會飛出一段距離尋找敵害。巡邏蜂常會飛到可疑敵害附近，偵查是否有攻擊的企圖。危機過後，巡邏蜂會自動撤退，蜂群恢復平靜。

（四）攻擊蜂

巡邏蜂受到敵害攻擊時，立即轉變為攻擊蜂，直接發動攻擊螫刺敵害。如果在虎頭蜂防禦範圍內，攻擊蜂將越來越多。當蜂巢受到嚴重振動或是破壞時，蜂巢會大量飛出攻擊蜂，針對敵害直接螫刺，隨著螫針的毒液同時釋放費洛蒙，召集攻擊蜂加入攻擊行列。通常 6~8 日齡的年輕工蜂不參與攻擊，但是蜂群受到嚴重騷擾時，也會投入攻擊任務，直到將敵害驅離牠們的防禦範圍為止。

四、防治

虎頭蜂之防治包括垃圾管理、毀壞蜂窩、毒餌毀巢、陷阱誘捕、生物防治及誘殺蜂王等方法。以 IPM（Integrated pest management，有害生物綜合治理）概念的處理方法：

1. 加強預防蜂螫的觀念及措施：選擇曾經發生虎頭蜂螫人事件的學校、遊樂休憩區、登山路徑等區域，透過消防隊、學校教師、鄉鎮衛生機構、地區環保機構等單位，建立宣導點。於每年 4~7 月虎頭蜂越冬後新蜂王的築巢期，設置簡易胡蜂誘集器，誘殺虎頭蜂，會有立竿見影的效果。

2. 垃圾的妥善管理：讓虎頭蜂無法取得食物、無法生存，虎頭蜂會自然的離開這些地區。
3. 適時適地誘殺蜂王或毒餌毀巢：建議由病媒防治專業技術人員處理。
4. 養蜂場誘殺虎頭蜂：建議由病媒防治專業技術人員處理。

在以上這些地區建立預防及通報體系，及早發現虎頭蜂巢並予以處理，將更能減少民眾的受害。

野外活動時，如果發現有虎頭蜂圍繞林邊飛翔，一定有蜂巢，不可前進，建議趕快繞行走回。如遇到少數巡邏蜂在眼前飛行，先靜止不動再慢慢退回，等虎頭蜂飛回去時再趕快回頭跑，千萬不要去刻意惹牠。如果遇到虎頭蜂在家中築巢，須請農業局（此非消防隊業務）或病媒防治業者前來摘除，切勿自行拆除。若遇到蜂群攻擊時，應分秒必爭快跑（團體攻擊時分開奔跑），並保護頭部，可用衣物蓋頭，或一面跑一面用衣物在頭頂輪轉，將衣物拋出，朝反方向快跑。如環境許可，可鑽進草叢，如有溪流或湖邊，可潛入水中。

一般遭 20~25 隻以上的虎頭蜂螫傷，就容易產生全身性毒性反應。被 500 隻以上蜂螫則經常致命。多量胡蜂螫刺會造成腎臟、血液、肝臟、肌肉的損害，引起急性腎衰竭甚至死亡。胡蜂螫傷的緊急處理：

1. 輕度螫傷：胡蜂毒是酸性的，所以應該即用鹼水沖洗。
2. 中度螫傷：可立即用手擠壓被螫傷部位，擠出毒液，如此可以減少紅腫和過敏反應。或以食用醋等弱酸性液體洗敷被螫處，傷口近心端應以止血帶結紮，每隔 15 分鐘放鬆一次，結紮時間不宜超過 2 小時，儘快到醫院就診。

3. 重度螫傷：成人被 20~30 隻虎頭蜂螫傷，有可能產生較嚴重的全身性毒性反應，包括急性肝炎、急性腎衰竭、橫紋肌溶解、凝血病變等現象，應手機撥打 119 盡速送醫。

8-2 馬陸的生態習性及防治

臺灣馬陸的種類多達 400 多種，目前則有 95 種被記錄，牠們多數生活於森林、都會區公園、公園樹林間、居家花園、菜園等底層的枯枝落葉堆中，僅有某些種類常在居家環境週遭活動，例如磚紅厚甲馬陸(*Trigoniulus corallinus*)、粗直形馬陸(*Asiomorpha coarctata*)、姬馬陸(*Nepalmatoiulus sp.*)、擬旋刺馬陸(*Pseudospirobolellus avernus*)等。

馬陸喜生活於落葉有機土層中，一般危害植物的幼根及幼嫩的小苗和嫩莖、嫩葉，以及常見的經濟花卉植物。馬陸以腐爛的草根、落葉為食，少數為掠食性或食腐肉，多食腐植質，有時也損害農作物。馬陸會分解落葉變成植物可用的有機質，在生態系中扮演清除者的重要角色。

一、特徵

馬陸屬於倍足綱(Diplopoda)、多足亞門(Myriapoda)，多數的體節都有兩對足，因而得到「倍足」之名，又稱為千足蟲(Millipede; Thousand leggers)。一般雌蟲可以長 750 隻腳，是世界上腳最多的動物。馬陸之身體由頭部及軀幹部所組成，呈長圓環形或扁背形，體長 1.5~12 cm 不等。体色因種類之不同而異，有紅褐色、黑色、橘黃色、淡黃色或黑色具有淺色斑等。馬陸之頭部具一雙複眼，一對短的觸角，大顎、小顎各一對，小顎常癒合為一板狀之小顎板。腹部有 9~100 節或更多。馬陸之每一腹節上具有兩對足，因其肢體較短，僅能以足推進行走而無法快速運動。

在臺灣，常見於居家環境週遭活動的馬陸種類約有 4 種，茲介紹如下：

（一）磚紅厚甲馬陸(*Trigoniulus corallinus*)

本種是中部地區（甚至全臺各地）最常見的中、大型馬陸之一，身體為磚紅色，腳也是紅色，尾部圓滑無明顯尖翹。體兩側各有一列淡黑色的斑帶，成蟲體長約 4~6 cm 左右（圖 8-10）。清晨或黃昏時在植物公園的落葉堆或石塊堆成的花圃邊緣矮牆上常可發現。

磚紅厚甲馬陸的生殖季節大概在夏季左右，七、八月時，早晨或黃昏都可以在植物公園裡較陰暗的石塊上或石牆邊，發現牠們正在交配。白天有群聚的行為，常成群躲藏於土中，晚上則分散於地面活動爬行。常出現於鄉間農田環境中，其散播方式可能與人為農作有關。

圖 8-10　磚紅厚甲馬陸

（二）粗直形馬陸(*Asiomorpha coarctata*)

本種廣泛分布於臺灣各地，出現在居家附近的各種棲地。成蟲體長約 3 cm，身體呈背腹扁平的形狀，身體的背板為黑色，每個體節兩邊各有一鮮黃色的斑塊（圖 8-11）。牠們是臺灣中部最為常見的馬陸之一，有時會成群地大量出現，景象十分驚人，但目前仍無法確認其成群出現的原因。

圖 8-11　粗直形馬陸

(三)姬馬陸(*Nepalmatoiulus* sp.)

屬於姬馬陸科，常見分布於低海拔山區，在植物園區各角落堆置的盆栽底下，偶爾可發牠們的蹤跡。性喜陰暗處，行動緩慢。成蟲體長約 2~3 cm，體節約 40 節，淺褐色，體型瘦長，頭部小而圓，兩眼上有一條灰白色橫紋，觸鬚短，呈褐色，體背中央有一條不明顯的細線縱紋，體側除末數節外各節具黑斑，黑斑以下至腹面白色。各體節有 2 對足，透明，趾尖(圖 8-12)。

圖 8-12　姬馬陸

（四）擬旋刺馬陸(*Pseudospirobolellus avernus*)

本種普遍分布於臺灣各地，其外型與磚紅厚甲馬陸極為相似，但體色為深褐色，觸角則為純白色，體型較小，一般體長在 2 cm 左右（圖 8-13），有時會出現在植物園的樹上。擬旋刺馬陸的蟲卵經常會隨著園藝用的培養土四處散布，因此這種馬陸常常會出現在家中的陽臺或盆栽底下。

圖 8-13　擬旋刺馬陸

二、生態

馬陸之生殖腺開口於第三體節之腹面中央，行體內受精，雄體以位於第七體節處之生殖腳傳送精液入雌體。馬陸經常將卵成堆產於有機層表土，卵外包裹一層透明黏性物質。馬陸多於土中築巢產卵並以糞渣襯裹，卵呈白色；雌馬陸可產約 300 顆粒卵，雌蟲產卵後有孵育卵的習性，在適宜溫度下，卵經 20 天左右孵化為幼體，卵孵化後之初齡幼蟲具三對足，經 2~3 週時，變成具有七個體節之小馬陸。幼蟲通常脫皮 7~10 次，足及體節之數目隨每次脫皮而增加，數月後成熟。馬陸 1 年繁殖 1 次，壽命可活 1 年以上。

馬陸喜生活於落葉有機土層中，一般危害植物的幼根及幼嫩的小苗和嫩莖、嫩葉，以及常見的經濟花卉植物。馬陸以腐爛的草根、落葉為食，少數為掠食性或食腐肉，多食腐植質，有時也損害農作物。馬陸會分解落葉變成植物可用的有機質，在生態系中扮演清除者的重要角色。

三、習性

馬陸通常棲息於室外之石頭、朽木、腐菜、稻草堆、材堆下及其他潮濕陰暗之隱蔽處。一般白天潛伏在泥土裡，待清晨或是黃昏時才會出來活動，常出現在較陰暗的石塊上或石牆邊。在 16°C 的低溫環境下，馬陸的活動力會下降，進而躲藏在住家地基附近之土壤中，或靠近樹幹基部之覆蓋物下越冬。馬陸偶爾侵入住家之情形，可能與天氣乾燥或尋找潮濕之越冬場所有關。

馬陸不是捕食性的動物，大多數種類為草食性，有些屬於食腐性動物，取食潮濕腐爛之植物或動物屍體，對農作物不會有明顯之為害。當馬陸受到驚擾或碰觸時，其長形之身軀即捲曲成似同心圓環狀，或迅速鑽入土內或落葉下。馬陸並不會主動攻擊人畜，亦不具毒腺。某些種類具有防禦腺或黏液腺，牠的分泌物含有一種化學物質苯醌（1, 4-苯醌、1,2-苯醌），可以發揮驅蚊作用，對某些動物屬有毒物質，具有防禦敵害之作用，此類刺激性之混合物（很臭的黃色液體），具有腐蝕性，若觸及皮膚會造成刺激腫脹，引起水疱性皮膚炎，眼睛或口之接觸可能造成嚴重發炎，因此最好不要直接用手碰觸，以防萬一。

四、防治

馬陸防除之道首應清除孳生源。整理草地，清除地面腐爛植物或田園雜草堆。茲介紹環境防制方法，如下：

1. 移除非必要之地面覆蓋物，減少馬陸棲身之所。
2. 建築物外圍撒放生石灰，改變蟲害孳生環境。
3. 於建築物四周可實施帶狀之殺蟲劑（合成除蟲菊精類）噴灑處理，徹底將表土噴濕以確保藥效。家屋周圍較乾燥之處所亦可撒布粉劑。
4. 於土表或水泥上，使用可濕性粉劑將比使用其他劑型會有較好的殘效。
5. 住家之門口及其他出入口尤應注意並妥善處理。
6. 若室內有必要作藥劑處理時，尤應注意潮濕之隱蔽處如洗衣機下、浴室內、汙水坑附近等。

8-3 姬緣蝽象的生態習性及防治

姬緣蝽象(*Leptocoris* spp.)屬於半翅目(Hemiptera)、姬緣蝽象科(Rhopalidae)，別名紅姬緣蝽象、無患子蝽象、倒地鈴紅蝽、臭屁蟲等。姬緣蝽象具有家族性行為，若蟲會群集一起，利用呼吸新陳代謝所散發的微弱熱能，來相互取暖，在臺灣，即使在冬季，仍有機會看到姬緣蝽象。

一、特徵

姬緣蝽科體長 12~16 mm，觸角 4 節、跗節 3 節、口吻 4 節，一般為植食性。成蟲體色紅色至紅褐色，若蟲翅膀整片呈黑色。小盾板周邊有一枚不明顯的黑色 V 字形斑紋，膜質翅及觸角、各腳黑色，雄性個體比雌性個體小。普遍分布於平地至低海拔山區，具刺吸式口器，常見成蟲、若蟲群集於路邊的臺灣欒樹、榕樹、椰子樹等行道樹的樹液及果子，或無患子科的倒地鈴。族群龐大，少數會吸食動物腐肉。

目前生活在臺灣地區的姬緣蝽象科成員中，大紅姬緣蝽象與同屬的小紅姬緣蝽象，兩者不但在棲息環境、活動時間及生活史過程很雷同，就連外部形質特徵也是非常相似。以下為此二品種的特徵描述：

(一) 大紅姬緣蝽象(*Leptocoris abdominalis*)（圖 8-14）

圖 8-14　大紅姬緣蝽象

1. 屬於半翅目(Hemiptera)、姬緣蝽科(Rhopalidae)，別名紅姬緣蝽象、無患子蝽象、臭屁蟲。又稱「臺灣欒樹下的小精靈」。
2. 大都分布於低海拔、平地地區的草叢環境、樹叢環境（樹幹、枝葉叢或木本植物花卉上）。

3. 寄主主要為無患子科的植物；大紅姬緣蝽主要吸食臺灣欒樹、龍眼、椰子等多種高大的樹木。
4. 食性為植食性及雜食性，包括植物各部位與腐果，臺灣欒樹(*Koelreuteria elegans*)的汁液與蒴果均可為其食物來源。大紅姬緣蝽，若蟲吸食花蜜也具有授粉的作用。
5. 屬於晝行性昆蟲。
6. 生活史包括：卵、若蟲、及成蟲三個階段，是一種不完全變態的昆蟲，壽命約為 54 天。
7. 較成熟的若蟲其黑色翅芽很明顯，成蟲背部翅膀有一個菱形和一個隱約三角形黑色斑塊，成蟲體長約 13~16 mm，複眼為紅色。雄性個體比雌性個體小。
8. 繁殖季大約在每年 3~4 月開始至 7~8 月結束。

（二）小紅姬緣蝽象(*Leptocoris augur*)（圖 8-15）

1. 屬於半翅目(Hemiptera)、姬緣蝽科(Rhopalidae)，別名倒地鈴紅蝽。
2. 分布在平地至低海拔山區，南部較常見，全年皆可發現，有群聚性。

圖 8-15 小紅姬緣蝽象

3. 寄主植物為無患子科的倒地鈴(*Cardiospermum halicacabum*)。
4. 食性為植食性及雜食性，吸取倒地鈴種子、莖汁或花蜜，少數個體會吸食同伴的屍體。
5. 屬於晝行性昆蟲。
6. 生活史包括：卵、若蟲、及成蟲三個階段，是一種不完全變態的昆蟲，壽命約為 37 天。
7. 若蟲在繁殖季節中會出現交配現象。
8. 成蟲體長約 12~16 mm，成蟲有兩種類型，長翅型；體色為單純的橘紅色，膜翅為黑色，各腳為黑色，複眼為橘紅色。短翅型，前翅極短，翅末端有一個倒 V 字形的黑色斑紋，各腳為黑色，複眼為橘紅色。
9. 繁殖季大約在每年 4~5 月開始至 10~11 月結束。

二、生態

1. 生活史包括：卵、若蟲、成蟲三個階段，屬於不完全變態的昆蟲，壽命約為 37~54 天。一齡若蟲為全身紅色，身長 2 mm，若蟲會長出翅芽；成蟲體長 12~16 mm，身體紅色，上翅膜質部分和革質部分內側為黑色。
2. 繁殖方式：大紅姬緣蝽象把卵產在臺灣欒樹的果實內。小紅姬緣蝽象可行孤雌生殖。
3. 繁殖季：大紅姬緣蝽象大約在每年 3~4 月開始至 7~8 月結束。小紅姬緣蝽象大約在每年 4~5 月開始至 10~11 月結束（大多發生於臺灣南部）。

4. 棲息環境：大都分布於低海拔、平地地區的草叢環境、樹叢環境（樹幹、枝葉叢或木本植物花卉上）。

5. 寄主：大紅姬緣蝽主要吸食臺灣欒樹、龍眼、椰子等多種高大的樹木。小紅姬緣蝽僅吸食草本倒地鈴的果莢、種子或莖葉，取食時會以刺吸式口器將唾液注入食物中吸取養分。小紅姬緣蝽與其寄主植物倒地鈴顯現有互利共生的關係。

三、習性

姬緣蝽科為晝行性昆蟲。食性為植食性及雜食性，包括植物汁液、蒴果與腐果的均可為其食物來源。大紅姬緣蝽主要吸食臺灣欒樹、龍眼、椰子等多種高大的樹木。小紅姬緣蝽僅吸食草本倒地鈴的果莢、種子或莖葉，取食時會以刺吸式口器將唾液注入食物中吸取養分。小紅姬緣蝽象主要寄生在無患子科的倒地鈴，取食果子或莖汁，少數個體會吸食同伴的屍體，具群聚性，其棲地常見若蟲與成蟲混居，其附近的植物如山菸草、蔓澤蘭等也會棲息。

成蟲和若蟲常會群聚在一起。紅姬緣蝽象是以成蟲形態來度過寒冷的冬天，而且彼此群聚在一起，利用呼吸新陳代謝所散發的微弱熱能，達到相互取暖的作用。臺灣欒樹在冬天時，果實漸漸落下，大紅姬緣蝽象也跟著往地面去生活，躲在落葉底下，也會躲在背風面或樹洞中，偶爾會出來曬太陽取暖。大紅姬緣蝽象不叮咬人類，不傳播病菌，也不會使共生植物發生疾病；再者大紅姬緣蝽象和臺灣欒樹純屬共生關係，大紅姬緣蝽象是食物鏈中不可或缺的環節，若是人為干擾則可能引起整個生態的不平衡，造成掠食者食物的短缺，因此人類對其大量出現聚集的現象無需過度擔憂。

四、防治

近年來，臺灣的氣候因暖冬影響，紅姬緣蝽象大量繁殖，密密麻麻堆疊在一起，為紅姬緣蝽象禦敵的方法；群聚在一起可減少被攻擊的機會，一大片紅色對其天敵具有威嚇作用。紅姬緣蝽象外表驚人，常被誤會為有毒蟲類，但牠無攻擊性、無毒，且是生態系的一環，為免破壞生態、汙染環境，並不需噴藥撲殺。紅姬緣蝽象出現時是觀察昆蟲的好時機，此時天空燕子明顯增多，赤腰燕、小雨燕、家燕、白頭翁、伯勞鳥、綠繡眼、麻雀等都是牠們的天敵。

紅姬緣蝽象的生命週期約 3~4 週，大量聚集現象很快就會結束，移除蟲體建議採物理防治方式，民眾可在樹幹處塗抹黏膠，使牠無法爬回樹上，或是將肥皂水稀釋 100~300 倍、苦楝油稀釋 600 倍噴灑於蟲體腹部，就能有效驅趕。

課後複習

1. 在臺灣，哪一個季節虎頭蜂群較不穩定，易有攻擊性？(A)春季　(B)夏季　(C)秋、冬季節　(D)全年皆發生。
2. 下列哪一個品種是世界體型最大的虎頭蜂？(A)黑絨虎頭蜂　(B)中華大虎頭蜂　(C)黃跗虎頭蜂　(D)擬大虎頭蜂。
3. 一般遭多少隻以上的虎頭蜂螫傷，就容易產生全身性毒性反應？(A) 10~15 隻　(B) 20~25 隻　(C) 30~50 隻　(D) 100~200 隻。
4. 虎頭蜂蜂巢，警戒範圍約在直徑多少公尺左右？(A) 100 公尺　(B) 50 公尺　(C) 20~30 公尺　(D) 10~15 公尺。
5. 虎頭蜂毒液含有「致死蛋白」，是一種具有分解磷脂質活性的磷酸酯酶(Phospholipase A1)，其作用為何？(A)破壞紅血球　(B)產生過敏性休克　(C)神經毒　(D)以上皆是。
6. 虎頭蜂毒液中所含的鹼性蛋白(Basic protein)，其作用為何？(A)破壞紅血球　(B)產生過敏性反應　(C)溶解肌蛋白　(D)直接溶血。
7. 胡蜂(*Vespa* spp.)的族群約幾年分巢一次？(A)一年　(B)二年　(C) 3~4 年　(D) 7~8 年。
8. 蜜蜂(*Apis* spp.) 的族群約幾年分巢一次？(A)一年　(B)二年　(C) 3~4 年　(D) 7~8 年。
9. 一個黑絨虎頭蜂(*Vespa basalis*)的族群一年約可捕捉多少隻的森林害蟲？(A)1 萬隻　(B)12 萬隻　(C)120 萬隻　(D)200 萬隻。
10. 每隻虎頭蜂每天約可捕捉幾隻蜜蜂？對蜂農的威脅很大：(A) 1~3 隻　(B) 10~15 隻　(C) 20~30 隻　(D) 50 隻。
11. 下列何者是世界上腳最多的動物？(A)蜈蚣　(B)蚰蜒　(C)馬陸　(D)以上皆是。

12. 雌體馬陸之生殖腺開口於第幾體節之腹面中央，可行體內受精？(A)第一體節　(B)第三體節　(C)第五體節　(D)第七體節。

13. 馬陸在進行交配時，雄體以位於第幾體節處之生殖腳傳送精液入雌體？(A)第一體節　(B)第三體節　(C)第五體節　(D)第七體節。

14. 馬陸的分泌物含有何種化學物質？可以發揮驅蚊作用：(A)甲酸　(B)苯醌　(C)甲苯　(D)鹼性蛋白。

15. 下列何者又稱為「臺灣欒樹下的小精靈」？(A)大紅姬緣蝽象　(B)小紅姬緣蝽象　(C)馬陸　(D)臺灣小灰蝶。

16. 大紅姬緣蝽主要吸食下列何種植物的汁液維生？(A)臺灣欒樹　(B)龍眼樹　(C)椰子　(D)以上皆是。

17. 小紅姬緣蝽主要吸食下列何種植物的汁液維生？(A)草本倒地鈴　(B)龍眼樹　(C)椰子　(D)以上皆是。

18. 下列何者為大紅姬緣蝽象(*Leptocoris abdominalis*)的主要寄主植物？(A)臺灣欒樹　(B)龍眼樹　(C)椰子樹　(D)以上皆是。

19. 下列何者為小紅姬緣蝽象(*Leptocoris augur*)的主要寄主植物？(A)臺灣欒樹　(B)倒地鈴　(C)椰子樹　(D)以上皆是。

20. 小紅姬緣蝽象的繁殖方式為何？(A)異體生殖　(B)孤雌生殖　(C)寄生生殖　(D)抱卵生殖。

MEMO

CHAPTER 09

外來入侵害蟲

本章大綱

前言

原產於中國東南各省的荔枝椿象，1999 年時首度在金門發現，之後蔓延到臺灣中南部、苗栗等地。2016 年果農首度發現荔枝椿象在臺中荔枝、龍眼主要產區的太平、大里、霧峰，但因資訊不足，許多果農在採收時，包括脖子、胸部和手臂都被牠尾部噴出的「臭液」噴到，出現腐蝕性的傷口，有人因未妥善治療演變成蜂窩性組織炎，讓農民聞之色變。臺灣荔枝、龍眼果樹共約 2 萬公頃，近年受荔枝椿象危害，尤其廢棄果園缺乏管理，導致族群密度大增。

2002 年臺灣加入 WTO，開始與國際頻繁貿易來往，大量貨櫃開始進出港口，紅火蟻隨之入侵。在科技發展下，海上貨運的航程縮短，加上貨櫃底部墊高，當時並無清洗貨櫃外部的程序，因此，蟻巢安然飄洋渡海，從臺灣南部港口開始上岸，危害環境涵蓋農地、學校、公園、軍營、機場、道路旁綠地等。

2003 年 9~10 月間於桃園與嘉義地區發現，紅火蟻為雜食性，取食作物的種子、果實、幼芽、嫩莖與根系，對於作物的成長與收成造成經濟上極大的損失。紅火蟻會捕食土壤中的蚯蚓、田間的軟體蟲等，甚至會叮咬靠近蟻丘的人，常在田地間工作的農夫深受其害，一旦受到叮咬，會有如火灼燒的疼痛感，而後出現水泡，敏感體質的人可能會發炎甚至送醫。

2019 年 6 月初在臺灣苗栗的飛牛牧場發現第一例入侵案件，接著 7 月在金門的高粱田區發現秋行軍蟲危害，危害面積高達 120 公頃，是目前通報受害案件中最大面積。秋行軍蟲幼蟲的寄主範圍廣且主要危害玉米、水稻及十字花科等農藝園藝主要作物，且植物受損的狀況相對其他害蟲來說嚴重許多，這隻蟲幼蟲的危害程度之大，令人感到驚訝。

美國前總統柯林頓在 1999 年頒布的第 13112 號行政命令，把「外來種」定義為原產於其他地區的動植物，而把「外來入侵種」定義為生態系中的外來種，而且在引進之後已經或可能造成經濟損失、生態破壞或有害人類健康者。因此，只要不是原產於當地，而是從其他地區引入的都被稱為「外來種」；引入後造成負面影響的才稱為「外來入侵種」。

9-1 荔枝蝽象的生態習性及防治

荔枝蝽象(*Tessaratoma papillosa*)屬於荔蝽科(Tessaratomidae)，又稱碩蝽科，是半翅目的一科，是一類體形較大的昆蟲。頭小，褐色艷麗，有光澤。俗稱石背、臭屁蟲。屬於農業害蟲。

荔枝蝽象原產自中國南方、東南亞及南亞，臺灣於 1999 年首度在金門紀錄到荔枝蝽象的入侵，其入侵臺灣地區之年代為 2008 年，危害植物為龍眼與臺灣欒樹，2011 年開始蔓延到臺灣並對作物造成嚴重危害，由高雄一路影響到全國荔枝龍眼產區。荔枝蝽象喜好寄居在無患子科植物，包含荔枝龍眼等經濟果樹，以及無患子、臺灣欒樹。因荔枝蝽象吸食植物新稍、花穗汁液，嚴重時甚至導致果樹無可收成。2012 年農業機關開始發布疫情警告，在 2013 年時荔枝蝽象已散播至北中南各地區的都會環境中，危害地區以北部地區最為嚴重，目前臺北市的士林區、大安區、中正區、文山區、信義區、北投區、大同區、萬華區；此外，新北市的樹林區、三峽區、土城區、淡水區、永和區、中和區與八里區等，均列為都會危害嚴重區，危害地點除了農業區外，主要包括道路、公園、河濱公園、國家公園、校園與居家周圍等地區，危害嚴重地區長達二公里之一千棵寄主植物，這是日常生活息息相關之場所，增加危害民眾的機會與生活的困擾。

荔枝蝽象噴出的臭液，對人體皮膚的危害和酸性化學物質類似，嚴重時可能出現潰爛的狀況，建議民眾若不小心被噴到，應立刻以大量清水沖洗，降低腐蝕性，並可就醫讓醫師評估治療方式，也建議果農作業時最好隨身攜帶清水，以備不時之需。荔枝蝽象成蟲受到驚嚇時會噴出「臭液」防禦，建議民眾發現時可通報相關單位防治，不要刻意搖晃樹枝驚擾，牠的卵沒有毒性，民眾發現時可將牠撥除並弄破，避免孵化產生危害。

一、特徵

荔枝蝽象外表最大的特徵為前翅前半為堅硬的革質，而後半則為膜質（圖 9-1）。許多蝽象具有發達的臭腺，在遭受天敵攻擊或驅離敵人時，會分泌具有強烈臭味及刺激的體液來自衛，因此也常常被稱作「臭屁蟲」。

圖 9-1　荔枝蝽象（成蟲）

荔枝蝽象的重要特徵及避敵行為：

1. 成蟲體長 24 mm，觸角 4 節，黑褐色，體背黃褐色至灰褐色，前胸背板向後延伸覆蓋住小盾片基部，背方隆突具不明顯的橫向褶紋或刻點，側緣弧形，下緣截平，小盾板橙紅色。
2. 前翅革質翅大於膜質翅，膜質翅透明，腹背板外露，各腳黃褐色或密布白色蠟粉。
3. 屬於漸進變態類，1 年一個世代，生活史包括卵、若蟲及成蟲 3 個時期，成、若蟲有群聚行為。

4. 雌蟲每次產卵約 14 顆卵，雌蟲一生當中至少產卵 5~10 次。
5. 末齡若蟲，體色鮮艷，體背有 3 條白色縱、斜斑於端部會合（圖 9-2）。
6. 荔枝椿象受干擾時會分泌臭液，具有腐蝕性，皮膚或眼睛若不慎接觸到臭液，會造成灼傷甚至有失明危險。

圖 9-2　荔枝椿象（末齡若蟲）

二、生態

荔枝椿象屬漸進變態類，1 年一個世代，生活史包括卵、若蟲及成蟲 3 個時期，卵期為 2~8 月，一般於 4 月初孵化；若蟲期分布於 4~10 月；以成蟲越冬，越冬成蟲出現於次年 1~8 月，當代成蟲則於 6~12 月出現。卵期與溫度有關，18°C時需 20~25 日，22°C時需 7~12 日；若蟲一般有 5 個齡期，若蟲期 60~80 日；成蟲壽命長達 200~300 日，每隻雌蟲一生平均交尾達 10 次以上，交尾後 1~2 日即產卵於葉背，每次產卵 14 粒，一生產卵 5~10 次。荔枝椿象多數出現於無患子科的龍眼樹、荔枝、臺灣欒樹等多種植物寄主。

(一)卵

近圓球形，徑長 2.5~2.7 mm，初產時淡綠色，少數淡黃色，近孵化時紫紅色，常 14 粒相聚成塊。

(二)若蟲

生長階段共分為五齡。長橢圓形，體色自紅至深藍色，腹部中央及外緣深藍色，臭腺開口于腹部背面。2~5 齡體呈長方形。

(三)第二齡

體長約 8 mm，呈橙紅色，頭部、觸角及前胸戶角、腹部背面外緣為深藍色；腹部背面有深藍紋兩條，自末節中央分別向外斜向前方(圖 9-3)。後胸背板外緣伸長達體側。

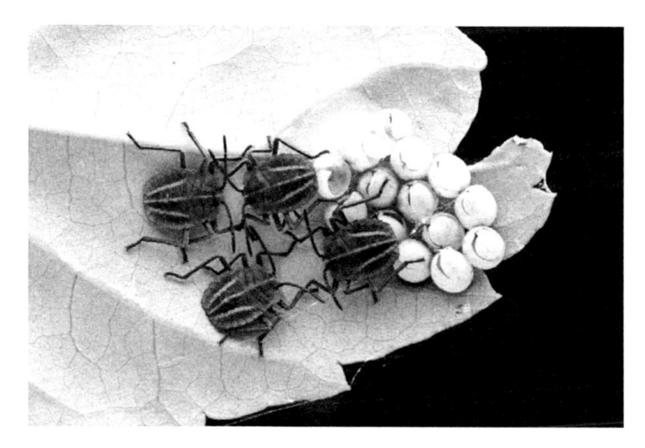

圖 9-3 荔枝蝽象(二齡若蟲)

(四)第三齡

體長 10~12 mm，色澤略同第二齡，後胸外緣為中胸及腹部第一節外緣所包圍。

（五）第四齡

體長 14~16 mm，色澤同前，中胸背板兩側翅芽明顯，其長度伸達後胸後緣。

（六）第五齡

體長 18~20 mm，色澤略淺，中胸背面兩側翅芽伸達第三腹節中間。第一腹節甚退化。將羽化時，全體被白色蠟粉（圖 9-4）。

圖 9-4　荔枝蝽象（將羽化時）

（七）成蟲

體長 21~28 mm（雄蟲體長 21~23 mm，雌蟲體長約 25~28 mm），盾形、黃褐色，胸部及腹面具有一層白色厚厚的粉蠟。觸角 4 節，黑褐色。前胸向前下方傾斜，臭腺開口于後胸側板近前方處。腹部背面紅色，雌蟲腹部第七節腹面中央有一縱縫而分成兩片，依此可以鑒別雌、雄。

三、習性

荔枝蝽象以性未成熟的成蟲越冬。越冬期成蟲有群集性，多在寄主的避風、向陽和較稠密的樹冠葉叢中越冬，也有在果園附近房屋的屋頁瓦片內。翌年 3 月上旬氣溫達 16%左右時，越冬成蟲開始活動為害，在荔枝、龍眼枝梢或花穗上取食，待性成熟後開始交尾產卵，卵多產於葉背，此外還有少數卵產在枝梢、樹幹及樹體以外的其他場所。成蟲產卵期自 3 月中旬至 10 月上旬，以 4、5 月為產卵盛期。

(一) 食性

以植物為食，以刺吸式口器吸食寄主植物（尤其是無患子科的荔枝、龍眼）的汁液，造成花穗萎凋、果皮焦黑、落花落果或生長不佳，嚴重甚至造成果樹枯死。荔枝及龍眼為其主要寄主，次要寄主如欒樹、柑橘、李、梨、橄欖及香蕉等。

(二) 蟲害

原產於中國東南各省的荔枝椿象，1999 年時首度在金門發現，之後蔓延到南部的高雄等地，臺中市荔枝、龍眼主要產區的太平、大里、霧峰，果農曾發現牠的蹤跡，但因資訊不足，許多果農在採收時，包括脖子、胸部和手臂都被牠尾部噴出的「臭液」噴到，出現腐蝕性的傷口，有人因未妥善治療演變成蜂窩性組織炎，讓農民聞之色變。

(三) 毒性

荔枝椿象受到威脅時，會從尾端噴出具有腐蝕性的毒液，不慎被噴到皮膚會導致灼傷，若延誤就醫可能會留下疤痕，碰到荔枝椿象時切勿徒手抓取，若不慎被毒液噴到應趕緊以大量清水沖洗，並趕緊迅速就醫，以免留下疤痕。

當椿象受驚擾或侵略時，牠們會從腹部腺體或後胸腺體處產生大量具有強烈刺激性氣味的化學物質，這些腐蝕性臭液具有防禦捕食者的自衛作用、警告或費洛蒙的作用，其射程可達 1 公尺以上。荔枝椿象分泌之臭液除了氣味不佳外，接觸人的皮膚可能會產生紅腫、灼傷的過敏反應，接觸眼睛後可能會造成短暫失明，故納入醫學昆蟲領域，故可稱之為衛生害蟲。

四、防治

荔枝蝽象係屬半翅目的昆蟲，市售的防蚊液（如敵避等）沒有驅蟲效果。目前防治方式有化學和生物防治兩種方式，其中化學的農藥防治，在若蟲階段防治效果較佳，建議在果樹開花前，先噴灑陶斯松、賽洛寧等低毒性的農藥防治，等到開花期後數量沒減少再視情況噴藥，並建議農民可在果樹基部塗抹黏膠物質，避免掉落地面的若蟲爬回樹上危害。目前農委會所推薦的有效防治方法，如下所述：

（一）藥劑防治

根據行政院農業委員會動植物防疫檢疫局 2017 年 1 月 6 日新公告的核准用藥，包括陶斯松、可尼丁、丁基加保扶、賽速安、亞滅培、益達胺、賽洛寧等約 20 餘種藥劑，可應用於荔枝蝽象的防治。於每年 3 月間越冬成蟲在新樹梢上活動交尾時噴藥一次，至 4、5 月低齡若蟲發生盛期再噴 1~2 次，噴射敵百蟲(Dipterex) 800~1,000 倍稀釋液效果甚好，或用 20%殺滅菊酯(Sumicidin) 2,000~8,000 倍稀釋液。一般用量，每株噴藥劑量約 7.5~10 kg，大面積連片荔枝、龍眼地區，可用飛機施藥（敵百蟲 20 倍稀釋液，每公頃 30~37.5 kg）。

（二）生物防治

1. 寄生性天敵：如平腹小蜂(*Anastatus* sp.)，荔蝽卵跳小蜂(*Ooencyrtuscorbetti* Ferr.)、馬來黃腹卵小蜂(*O. malayensis* Ferr.)和黃足小蜂(*O. crionotoe* Feff.)。在臺灣，每年 4 月為荔枝椿象產卵高峰期，在荔蝽產卵初期開始放蜂，以後每隔 10 天放一次，共放 3 次，一般每次每株放 500 頭雌蜂，當荔枝蝽密度大時，選用敵百蟲液噴射，壓低蟲口密度後，再行放蜂；此時利用卵寄生蜂做生物防治效果最大。

2. 捕食性天敵：如蜘蛛、螞蟻、鳥類等。
3. 病原菌：如荔蝽菌、白殭菌等。

(三) 人工捕殺

包括捕殺越冬成蟲、採摘卵塊及撲滅若蟲等方式：

1. 消滅成蟲：選擇冬季 16℃ 以下低溫時期，越冬成蟲不甚活動，用帶鉤的竹竿猛搖樹枝，使成蟲墮地，集中毀除，但成蟲不單在樹上越冬，此法只能是輔助措施。
2. 採摘卵塊：於 3~5 月荔枝蝽象產卵盛期採摘卵塊，集中放入簡易的寄生蜂保護器中，保護天敵。
3. 撲滅若蟲：用煤油熏落若蟲，集中捕殺。

9-2 紅火蟻的生態及防治

紅火蟻種小名 Invicta 源自於拉丁文，意思是「無敵的」、「未被征服的」。屬名 Solenopsis 來自古希臘語，意思是「臉」或「容貌」。之所以叫做「火蟻」是因為人類被牠螫傷之後會有火燒般的痛感。在臺灣，紅火蟻是一新入侵物種，稱為入侵紅火蟻(Red imported fire ant, RIFA)，學名是 *Solenopsis invicta*（圖 9-5）。過去亞洲地區並無入侵紅火蟻的發生報告，目前臺灣之紀錄中只有 3 種火蟻屬(Solenopsis)的螞蟻發生。國際自然保護聯盟物種存續委員會的入侵物種專家小組(ISSG)將入侵紅火蟻列為世界百大外來入侵種。澳洲國家生物安全委員會亦將其列為七大

圖 9-5　入侵紅火蟻(RIFA)

入侵螞蟻之一，臺灣行政院農業委員會林務局及中華民國自然生態保育協會將其列為十大外來入侵物種之一。

入侵紅火蟻原分布於南美洲巴拉那河(Parana)流域（包括巴西、巴拉圭與阿根廷），屬於農業與環境衛生害蟲，其傳播及入侵世界各地的紀錄如下所述：

- 1930 年代傳入美國南方，相繼自阿拉巴馬州摩比爾港入侵東南部。
- 1975~1984 年間入侵波多黎各。
- 1998 年入侵美國南加州。
- 2001 年透過貨櫃運輸培養土、種苗、草皮和園藝產品等途徑從美國跨越太平洋蔓延至澳洲、紐西蘭與日本琉球。
- 2003 年入侵臺灣桃園與嘉義。
- 2004~2005 年間陸續在中國廣東省、香港和澳門被發現。
- 2016 年 11 月在福建省（廈門市翔安區、大嶝島等）被發現。
- 2017 年中旬於日本各港口及韓國釜山港開始遭受入侵，亦藉由來自中國廣東及深圳的貨櫃而傳播。

- 2017 年 8 月在雲南省（德宏傣族景頗族自治州芒市）等都有發現牠的蹤跡。

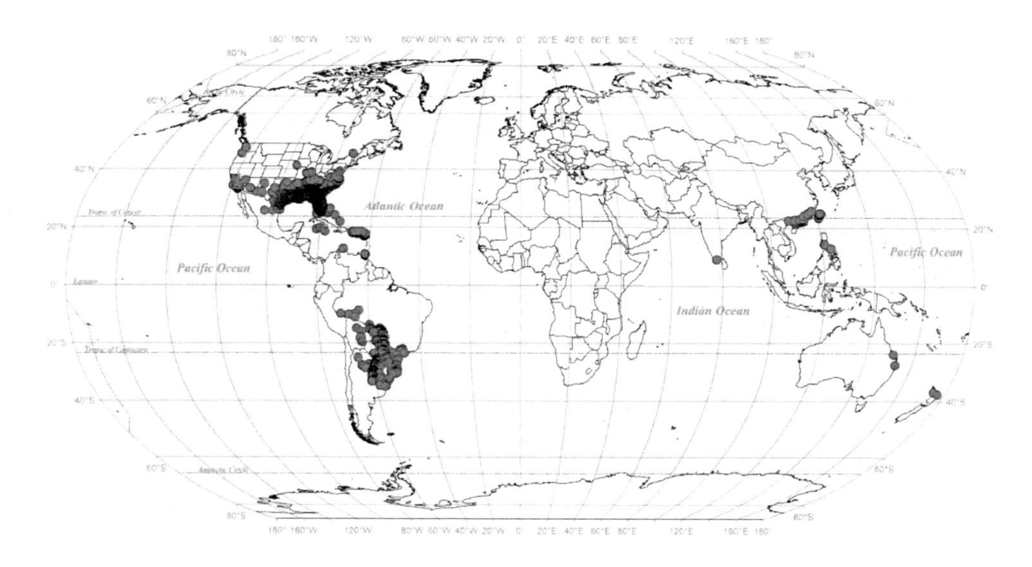

圖 9-6　入侵紅火蟻(*Solenopsis invicta*)的全球分布記錄

（圖片擷取自https://en.wikipedia.org/wiki/Red_imported_fire_ant）

一、特徵

入侵紅火蟻在昆蟲分類上屬膜翅目(Hymenoptera)、蟻科(Formicidae)、家蟻亞科(Myrmicinae)、火家蟻族(Solenopsidini)。體長介於 1.8~6.0 mm 之間，而蟻后體長約 10 mm。體色從紅棕色至深棕色，屬於社會性昆蟲，包括有翅的雄蟻、有翅的雌蟻、蟻后及職蟻（工蟻及兵蟻）。

入侵紅火蟻的頭部具明顯複眼，由數十個小眼構成。觸角 10 節，錘節部分由 2 節組成。後頭部平順無凹陷，大顎內緣有明顯小齒。中軀與腹錘間有 2 節明顯腰節。入侵紅火蟻攻擊人類時，係由工蟻以大顎緊咬著皮膚，且利用其螯針連續針刺 7~8 次。尾部毒囊中大量的毒液（類鹼性毒素，Piperadines；此毒素有局部組織壞死及溶血的毒性）注入皮膚，而立即引發劇烈的灼熱感。

二、生態

入侵紅火蟻為地棲型，成熟蟻巢會將土壤堆高形成突出地表約 10~30 公分，直徑約 30~50 公分的小丘形蟻塚，沒有很明顯的入口，呈南北向的橢圓形，保證可曬到早晚的太陽。蟻道深度可達 1.8 公尺。新形成的蟻巢約在 4~9 個月後出現小蟻塚（圖 9-7）。明顯隆起的蟻塚，是快速認定入侵紅火蟻的方法之一，因為目前臺灣約有 270 種螞蟻中，沒有會築出隆起地面 10 公分以上蟻丘的種類；但需注意的是，在牠們族群尚未成熟前所形成的蟻塚並不明顯，故容易與其他種螞蟻的蟻巢混淆而造成誤判。職蟻（工蟻和兵蟻）有連續性多態型的特性，大小相差很大，由卵發育至成蟲約需 20~45 天（小型）、30~60 天（中型）、180 天（大型）。

圖 9-7　入侵紅火蟻的小丘形蟻塚

蟻后壽命約 6~7 年，職蟻壽命約 1~6 個月。入侵紅火蟻並沒有特定的交配期，全年都可以發現新的生殖雌蟻。牠在完成交配後可以飛到 3~5 公里遠的地方另築新巢。成熟蟻巢平均每年可以產生 4,500 隻生殖雌蟻。火蟻族群的組成可分為單蟻后與多蟻后型：(1)成熟的單蟻后型蟻巢中有 5~24 萬隻個體，每英畝可以形成 80~120 個蟻塚；(2)成熟的多蟻后型蟻巢中有 10~50 萬隻個體，每英畝可形成多達 400 個以上蟻塚。

入侵紅火蟻對環境的適應性很強，最常見於潮濕地區，如河邊、湖邊等，但在農田、沙漠、草原上也可以生存，一些人類的建築也可能被其侵蝕，公園等都市地區也有其蹤跡。臺灣地區目前發生紅火蟻之地點包括新北市林口區、桃園市六區（桃園區、蘆竹區、大溪區、龜山區、八德區、大園區）及嘉義縣水上鄉等地，危害區域有農業區如：水稻田、蔬菜園等約占六成，及非農業區如：公園綠地、行道樹、學校操場綠地等約占四成。

三、習性

入侵紅火蟻會獵食領域範圍內的昆蟲、蚯蚓等無脊椎動物（圖 9-8），甚至會攻擊蛙類等的小型脊椎動物，也會與本地種的螞蟻產生棲地競爭，使得棲息地內的生物多樣性銳減，嚴重破 壞生態平衡。受入侵紅火蟻入侵的休耕田，就連雜草都被連根拔起，蟻巢附近呈現寸草不生的狀態，嚴重影響農作物生長與收成。

入侵紅火蟻的危害性包括：(1)雜食性；(2)對生態環境中土棲性動物造成傷害；(3)蚯蚓被捕食殆盡；(4)取食農作物的種子、果實、幼芽、嫩莖與根系，影響農作物的成長與收成造成經濟上極大的損失。火蟻的蟻巢也常築於戶外與居家附近電器相關的設備中，如電錶、電話總機箱、交通號誌機箱等，可引發電線短路而造成設施故障，影響公共安全並造成經濟損失。

圖 9-8　入侵紅火蟻會獵食蚯蚓

入侵紅火蟻在蟻巢受到外力干擾時會具有成群湧出及強烈的攻擊性，且由於大蟻巢中火蟻數量可達 20~50 萬隻。因此，不慎踩到蟻巢往往會遭受火蟻的叮咬，牠一面用大顎緊咬著皮膚，一面利用其腹部末端的螫針連續針刺 7~8 次，將其毒囊中的毒液注入皮下，而立即引發劇烈的灼熱感，此種灼熱與癢的感覺會持續 1 小時以上，4 小時後被螫處形成白色膿泡，大部分被咬的人約 10 天左右才可復原，且通常會留下一個小疤痕。若不小心將其膿疱弄破，還常易引起細菌的二次性感染，甚至可能會造成蜂窩性組織炎。在美國有案例報告指出，一些體質敏感的人，遭入侵紅火蟻的叮咬後，不僅產生過敏性的休克反應，嚴重者還有導致死之案例。

四、防治

(一) 遭入侵火蟻叮咬後的基本處理步驟

1. 入侵紅火蟻叮咬後的治療，可以先將被叮咬的部分進行冰敷的處理，並以肥皂與清水清洗被叮咬的患部。
2. 入侵紅火蟻毒素是沒有解毒劑的，目前醫界是以症狀治療為主，可局部給予抗組織胺、類固醇、冰敷等。

3. 傷口發生感染則施予抗生素，過敏性休克則給予腎上腺素等藥物治療。

(二) 避免遭火蟻叮咬之建議

1. 入侵紅火蟻會保護巢穴，一旦踏到紅火蟻的蟻巢，火蟻會傾巢而出攻擊敵人，在野外若有發現疑似入侵紅火蟻蟻巢時，不要去干擾牠。
2. 在庭院或其他戶外區域可以使用含有合成除蟲菊或其他有效成分的噴霧劑，沿牆角或紅火蟻行走的路線噴灑。
3. 居家防範紅火蟻入侵，在屋內可長期使用滅蟻餌劑誘殺。

(三) 紅火蟻驅除法

1. 診斷：入侵紅火蟻體型較大、顏色較深偏紅、具攻擊性（一般常見螞蟻體型較小顏色偏黃、不具攻擊性）。
2. 基本裝備：手套、穿牛仔長褲及皮鞋或布鞋。
3. 沸水處理法：準備約 70℃ 以上的熱水，先澆濕蟻丘的表面。之後用鏟子挖開蟻丘的土壤，再繼續澆濕，一層一層持續此步驟。
4. 清潔液淹沒法：用鏟子挖出蟻丘，放入約 15~20 公升約稀釋 100 倍的清潔液中，浸至紅火蟻死亡不動為止。
5. 殺蟻噴劑噴灑：含紅火蟻的土壤都浸入清潔液水中，直到挖至看不到紅火蟻為止，再用殺蟻噴劑噴挖開的週遭土壤。
6. 淹死紅火蟻及其幼蟲：將桶內的土壤連清潔液一起，直接倒回原挖出處填平。只用一般清水效果不大，建議使用殺蟻劑、清潔液或沸水。
7. 直噴火燒法：用噴槍在蟻丘表面燒，用鏟子挖蟻丘土壤，邊用火燒逃竄出的紅火蟻。

8. 灑餌中毒法：挖開蟻丘灑上餌劑，讓紅火蟻將餌劑帶進蟻巢與其他夥伴吃，約 2 週才會看到效果。建議施用的紅火蟻防治專用餌劑，如百利普芬、芬普尼及賜諾殺等餌劑（此種方法適用於同一區域內發現有多個蟻丘的嚴重危害區域與中度危害區域，可請政府相關單位及專家以藥劑處理較為妥當）。

9. 漂白水噴灑：利用漂白水沖紅火蟻或其蟻巢，雖然不會立即死（要過幾分鐘才會死），最好用 3~5 次。在居家環境中或常活動區域，可用稀釋的漂白水擦拭，漂白水含氯成分對昆蟲具有忌避效果，可避免遭受紅火蟻入侵。

10. 液態氮：液態氮灌進蟻巢後，所有巢內的火蟻會瞬間被凍死，是有效而又不會污染環境的方法，但該方法的成本較高。

9-3 秋行軍蟲的生態習性及防治

草地貪夜蛾屬鱗翅目，夜蛾科，俗名「秋行軍蟲」(Fall armyworm; FAW)，因其在美洲常於夏末、秋季時成大群出現在農田中而得名。又稱秋黏蟲、草地夜蛾，是夜蛾科夜盜蛾屬的一種蛾。草地貪夜蛾，學名 *Spodoptera frugiperda*。種的學名 Frugiperda，Frugi 來自拉丁文的「果實」(Frugis)，perda 則來自拉丁文的「破壞」(Perdere)，意指本種可對農作物造成損害。

草地貪夜蛾原產於美洲熱帶地區，具有很強的遷徙能力；成蟲可在幾百米的高空中藉助風力進行遠距離定向遷飛，每晚可飛行 100 km。成蟲通常在產卵前可遷飛 100 km，如果風向風速適宜，遷飛距離會更長，有報導稱草地貪夜蛾成蟲在 30 小時內可以從美國的密西西比州遷飛到加拿大南部，長達 1,600 km。雖不能在零度以下的環境越冬，但仍可於每年氣溫轉暖活時，遷徙至美國東部與加拿大南部各地，美國歷史上即發生過數起草地貪夜蛾的蟲災。

草地貪夜蛾屬於新興的農業害蟲，其族群發展及遷徙型的危害十分迅速。2016 年，草地貪夜蛾首度在非洲出現，並散播至非洲的多數國家，對玉米等農作物造成嚴重破壞；2018 年，本種已散播至印度與南亞、東南亞各國；2019 年 1 月，本種自緬甸傳入中國雲南省，並漸散播至南方各省市，同時也出現在臺灣。

草地貪夜蛾在臺灣的近況：2019 年 6 月 10 日，臺灣苗栗縣飛牛牧場的玉米田出現了草地貪夜蛾的幼蟲，為本種散播至臺灣的首例，行政院農委會防檢局表示該蟲可能是循西南氣流進入臺灣。數日後宜蘭縣、嘉義縣，及臺東縣的玉米田也分別捕獲草地貪夜蛾幼蟲。6 月 14 日，臺灣已有 15 個縣市確認出現草地貪夜蛾幼蟲，離島馬祖並捕捉到成蟲。6 月 17 日，有數個縣市（包括離島的澎湖、金門與馬祖）發現了草地貪夜蛾的成蟲。目前已成為禾本科、菊科、十字花科等多種農作物的重要害蟲。

一、特徵

草地貪夜蛾成蟲翅展約 32~40 mm（圖 9-9）。雄蛾典型特徵為前翅頂端具有黃褐色環形紋，頂角具白色斑，翅基部有一黑色斑紋，後翅也是白色，後緣有一灰色條帶。雄蟲外生殖器抱握瓣呈正方形，抱器末端的抱器緣刻缺。雌蛾典型特徵為前翅具有灰褐色環形紋和腎形紋，輪廓線為黃褐色，各橫線明顯，後翅白色，外緣有灰色條帶；交配囊無交配片。

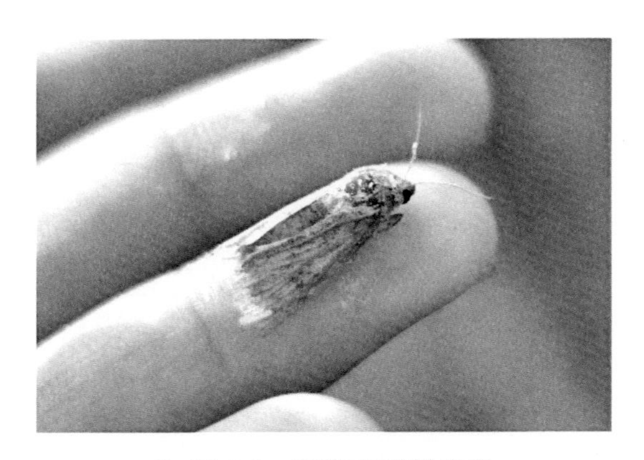

圖 9-9　草地貪夜蛾成蟲

幼蟲的頭部為棕褐色，具白色或黃色倒“Y”形斑。第 6 齡幼蟲體長可達 30~36 mm（圖 9-10）。腹部末節有呈正方形排列的 4 個黑斑，這是草地貪夜蛾最明顯的特徵。老熟幼蟲會落到地上借用淺層（通常深度為 2~8 cm）的土壤做一個蛹室，形成土沙粒包裹的繭，亦可在為害寄主植物如玉米的雌穗上化蛹。

圖 9-10　草地貪夜蛾幼蟲的頭部為棕褐色，具白色或黃色倒「Y」型斑

二、生態

草地貪夜蛾的生活史在夏季可在 30 天內完成，春季與秋季需 60 天，冬季則需 80~90 天。本種可繁衍的世代數受氣候影響，雌蟲通常在葉片的下表面產卵，族群稠密時則會產卵於植物的任何部位。雌蟲一生

中可產下約 1,000 顆卵。草地貪夜蛾為完全變態害蟲，經歷卵、幼蟲、蛹和成蟲四個階段，其生活史的描述，如下：

(一) 卵

草地貪夜蛾的卵呈圓頂狀，直徑約為 4 mm，高約 3 mm，有時被絨毛狀的分泌物覆蓋，剛產下的卵呈綠灰色，12 小時後轉為棕色，孵化前則接近黑色，環境適宜時卵四天後即可孵化。

(二) 幼蟲

草地貪夜蛾的幼蟲有 6 個蟲齡，形態皆略有差異，一齡幼蟲長約 1.7 mm，六齡幼蟲長約 34 mm。低齡幼蟲體色較淺，頭部顏色較深，高齡幼蟲的體色漸漸變深，且背側出現不連續的縱向白色條紋，以及有刺的深色斑點，第八腹節出現排列成方形的四個黑色斑點，腹側出現紅色與黃色的斑點。幼蟲期長度受溫度影響，約 14~30 天。幼蟲的頭部有一倒 Y 字形的白色縫線。

(三) 蛹

草地貪夜蛾的幼蟲於土壤 25~75 mm 深處化蛹，其中深度會受土壤質地、溫度與濕度影響，蛹期為 7~37 天，亦受溫度影響。蛹呈卵形，長 14~18 mm，寬約 45 mm，外層為長 20~30 mm 的繭所包覆。

(四) 成蟲

蛹羽化後，成蟲會從土壤中爬出，展翅寬度約為 32~40 mm，其中前翅為棕灰色，後翅為白色。本種有一定程度的兩性異形，雄蟲的前翅有較多花紋與一個明顯的白點。成蟲為夜行性，在溫暖、潮濕的夜晚較為活躍。成蟲壽命 7~21 天，平均約為 10 天，一般在前 4~5 天產下大部分的卵，但羽化的當晚一般不會產卵。

草地貪夜蛾的適宜發育溫度為 11~30℃，在 28℃條件下，30 天左右即可完成一個世代，而在低溫條件下，需要 60~90 天。由於沒有滯育現象，在美國，草地貪夜蛾只能在氣候溫和的南佛羅里達州和德克薩斯州越冬存活，而在氣候、寄主條件適合的中、南美洲以及新入侵的非洲大部分地區，可周年繁殖。

三、習性

草地貪夜蛾的寄主範圍廣，雜食性，可為害 80 餘種植物，喜食玉米、水稻、小麥、大麥、高粱、粟、黑麥草等禾本科作物，也為害十字花科、葫蘆科、錦葵科、豆科、茄科、菊科等，棉花、花生、苜蓿、甜菜、洋蔥、大豆、菜豆、馬鈴薯、甘薯、蕎麥、燕麥、菸草、番茄、辣椒、洋蔥等常見作物，以及一些觀賞植物、果樹等。

草地貪夜蛾的幼蟲取食葉片可造成落葉，其後轉移為害。有時大量幼蟲以切根方式為害，切斷種苗和幼小植株的莖；幼蟲可鑽入孕穗植物的穗中，可取食番茄等植物花蕾和生長點，並鑽入果實中。種群數量大時，幼蟲如行軍狀，成群擴散。在玉米上，1~3 齡幼蟲通常在夜間出來為害，多隱藏在葉片背面取食，取食後形成半透明薄膜「窗孔」(圖 9-11)。低齡幼蟲還會吐絲，藉助風擴散轉移到周邊的植株上繼續為害 。

草地貪夜蛾成蟲具有趨光性，一般在夜間進行遷飛、交配和產卵，卵塊通常產在葉片背面。成蟲壽命可達 2~3 週，在這段時間內，雌成蟲可以多次交配產卵，一生可產卵 900~1,000 粒。在適合溫度下，卵在 2~4 天即可孵化成幼蟲。幼蟲有 6 個齡期，高齡幼蟲具有自相殘殺的習性。

圖 9-11 草地貪夜蛾的幼蟲為害玉米

四、防治

草地貪夜蛾在農業上屬於害蟲，其幼蟲可大量啃食禾本科，如水稻、甘蔗和玉米之類細粒禾穀及菊科、十字花科等多種農作物，造成嚴重的經濟損失，其發育的速度會隨著氣溫的提升而變快，一年可繁衍數代，一隻雌蛾即可產下超過 1,000 顆卵。草地貪夜蛾的幼蟲除了食用植物外，還有同類相殘食的行為，惟其演化意義仍不清楚。

防治草地貪夜蛾要針對其生長的不同階段進行，一般的是從卵、幼蟲、成蟲這幾個階段進行防治。在成蟲階段，可以用殺蟲燈或性誘劑進行誘殺；在幼蟲階段，可以利用生物農藥或化學農藥進行防治；在卵期，可使用具有殺卵作用的化學農藥進行防治。以下方法可供參考：

1. 化學防治：目前依非洲對秋行軍蟲之防治推薦用藥，多數使用如賽滅寧、賽洛寧、益達胺等中低毒性之農藥。
2. 殺蟲燈：對成蟲進行誘殺可以降低田間的落卵量。
3. 性費洛蒙防治：利用性費洛蒙誘引雄成蟲，除了降低成蟲交尾機會，同時進行害蟲族群密度監測。

4. 生物防治：使用蘇力菌或其他昆蟲病原機制，如異小桿線蟲(*Heterorhabditis* spp.)、白殭菌(*Beauveria bassiana*)、黑殭菌(*Metarhizium anisopliae*)、核多角病毒(Nuclear polyhedrosis virus)等。

5. 天敵：草地貪夜蛾的幼蟲會被多種鳥類、鼠類、臭鼬以及甲蟲和蠼螋等昆蟲捕食。寄生蜂與寄生蠅等擬寄生物（主要為 *Archytas* 屬、盤絨繭蜂屬與甲腹繭蜂屬）也是草地貪夜蛾的重要天敵。

課後複習

1. 荔枝椿象會嚴重危害下列何種果樹，導致枯死？(A)荔枝樹 (B)龍眼樹 (C)臺灣欒樹 (D)以上皆是。
2. 當荔枝椿象受驚擾或侵略時，牠們會從腹部腺體或後胸腺體處噴出何物？(A)臭液 (B)具腐蝕性的毒液 (C)警告費洛蒙 (D)以上皆是。
3. 當荔枝椿象受驚擾或侵略時，牠們會從腹部腺體或後胸腺體處產生大量具有強烈刺激性氣味的化學物質，其射程可達多遠？(A) 1 公尺 (B) 3 公尺 (C) 5 公尺 (D) 10 公尺。
4. 在臺灣，荔枝椿象雌成蟲的產卵盛期約在何時？(A) 3 月中旬 (B) 4~5 月 (C) 7~8 月 (D) 9~10 月中旬。
5. 下列何種藥劑對荔枝椿象沒有驅蟲效果？(A)敵避 (B)敵百蟲 (C)殺滅菊酯 (D)益達胺。
6. 入侵紅火蟻尾部毒囊中大量的毒液具有何種特性？(A)類鹼性毒素 (B)促使局部組織壞死的毒性 (C)具溶血的毒性 (D)以上皆是。
7. 入侵紅火蟻的成熟蟻巢會將土壤堆高形成突出地表約多高？(A) 10~30 公分 (B) 30~50 公分 (C) 1~1.5 公尺 (D) 2~3 公尺。
8. 成熟的單蟻后型入侵紅火蟻巢中約有多少隻個體？(A) 5~24 萬隻 (B) 10~50 萬隻 (C) 60~70 萬隻 (D) 80~120 萬隻。
9. 成熟的多蟻后型入侵紅火蟻巢中約有多少隻個體？(A) 5~24 萬隻 (B) 10~50 萬隻 (C) 60~70 萬隻 (D) 80~120 萬隻。
10. 下列何種藥劑可應用於入侵紅火蟻毒素的解毒劑？(A)抗組織胺 (B)類固醇 (C)四環黴素 (D)沒有解毒劑。

11. 草地貪夜蛾在何時被發現入侵臺灣？(A) 2017 年 (B) 2018 年 (C) 2019 年 (D) 2020 年。

12.草地貪夜蛾是下列何種農作物的重要害蟲？(A)禾本科 (B)菊科 (C)十字花科 (D)以上皆是。

13. 草地貪夜蛾幼蟲的頭部有何特徵？(A) Z 字形的白色縫線 (B)倒 Y 字形的白色縫線 (C) A 字形的白色縫線 (D) H 字形的白色縫線。

14. 草地貪夜蛾第六齡幼蟲的體長約多長？(A) 10~16 mm (B) 20~26 mm (C) 30~36 mm (D) 5~6 cm。

15. 草地貪夜蛾成蟲展翅寬度約多寬？(A) 32~40 mm (B) 40~50 mm (C) 55 mm (D) 5~6 cm。

CHAPTER 10

居家非昆蟲——害蟲的天敵

本章大綱

前言

每種害蟲都有一種或幾種天敵，能有效地抑制害蟲的大量繁殖。捕食性天敵指專門以其他昆蟲或動物為食物的昆蟲。這類天敵直接蠶食蟲體的一部分或全部；或者刺入害蟲體內吸食害蟲體液使其死亡。對很多人來說，蜈蚣和蜘蛛都是非常可怕的生物，牠們的體型有大有小，人們看到後常會因此感到恐懼，但事實上牠們大多數都屬於益蟲，平時會以敏捷快速的行動來獵捕蟑螂、蚊子等昆蟲。

「蜈蚣」給許多人的印象是可怕的、醜陋的、有毒的、可泡酒製藥的。事實上，一般人對於蜈蚣存在著一些錯誤的認知。生物學上廣義的蜈蚣是指節肢動物中的唇足動物 Chilopoda，它包括了蚰蜒、蜈蚣、石蜈蚣和地蜈蚣。蜈蚣在生態上扮演著較高級消費者的地位，牠會捕食土壤中的體形較小的動物，抑制一些害蟲的數量，就整體而言，牠對人類是有益的，況且蜈蚣通常不會主動攻擊人，中小型蜈蚣的毒鉤小，毒液量少，不會對人的安全造成威脅。

蜘蛛是陸地生態系統中最豐富的捕食性天敵，在維持農林生態系統穩定中的作用不容忽視。相傳過去有一對母子因分離不能相見，思念兒子的母親有一天發現有蜘蛛垂絲在衣服上，就認為是蜘蛛前來報告「兒子要回來了」的喜訊，果然沒多久兒子真的回家了，故稱蜘蛛為「喜子」；同樣的，兒子思念母親時也是這樣的情形，所以蜘蛛也被稱為「喜母」──節錄自《文學與蜘蛛》。

所謂五毒即是民間對蠍子、蛇、蜈蚣、壁虎、蟾蜍等五種有毒動物的合稱，但其實壁虎是無毒的，所以又有一說是以蜘蛛取代壁虎，成為五毒之一。居家常見的壁虎，主要是指蝔虎屬(*Hemidactylus*)種類，又稱為蝎虎（臺語稱為「仙尪仔」)。牠們平日就會幫人捕捉蚊子、蒼蠅甚至蟑螂等害蟲，家中蚊蟲都消滅後，壁虎就跟旯犽一樣，會自行離開，尋找下個狩獵場捕食；壁虎本身無毒無害，唯一可能給人造成困擾的就是會排泄以及生蛋，一次大約生兩顆蛋，排泄物則有可能造成牆壁變髒，以及半夜顯得特別大聲的叫聲。

10-1 蜘蛛的生態習性及防治

蜘蛛屬於節肢動物門(Arthropoda)、螯肢亞門(Chelicerata)、蛛形綱(Arachnida)、蜘蛛目(Araneae)，有兩個體段（頭胸部和腹部），8 條腿，8 個單眼，沒有咀嚼器官。分布全世界，從海平面分布到海拔 5,000 公尺處，均屬陸生。臺灣有約 39 科、122 屬、269 種。蜘蛛目是蛛形綱中數量最多的一個目。所有的蜘蛛都可以注入毒液來保護自己或殺死獵物。蜘蛛大多是以肉食為主的掠食者，是陸地生態系統中最豐富的捕食性天敵，在維持農林生態系統穩定中的作用不容忽視。

一、特徵

身體分頭胸部和腹部。頭胸部背面有背甲，背甲的前端通常有 8 個單眼；單眼分 2 列，前列眼和後列眼各 4 個單眼，依位置而分前中眼、前側眼、後中眼、後側眼；列眼依側眼和中眼的前後位置，又分前曲、後曲或直線，蜘蛛擁有比蜻蜓高準確十倍的視力。蜘蛛擁有全節肢動物裡最集中的神經系統，蜘蛛的腳沒有伸肌，而是靠液壓來伸展牠們的腳。蜘蛛的口器旁有二隻短短的觸肢，相當於昆蟲的觸角，有觸覺、嗅覺和聽覺的功能。

結網性蜘蛛的最主要特徵是牠的結網行為。蜘蛛通過絲囊尖端的突起分泌黏液，這種黏液一遇空氣即可凝成很細的絲。以絲結成的網具有高度的黏性，是蜘蛛的主要捕食手段。對黏上網的昆蟲，蜘蛛會先對獵物注入了一種特殊的液體稾消化酶。這種消化酶能使昆蟲昏迷、抽搐、直至死亡，並使肌體發生液化，液化後蜘蛛以吮吸的方式進食。蜘蛛是卵生的，大部分雄性蜘蛛在與雌性蜘蛛交配後會被雌性蜘蛛吞噬，成為母蜘蛛的食物。徘徊性蜘蛛則不會結網，而是四處遊走或者就地偽裝來捕食獵物，如高腳蜘蛛，即臺灣俗稱的旯犽。有的蜘蛛可以用網做成一個汽球，隨風飄行到別的地方。

蜘蛛以其生活及捕食方式可以大致分成結網性蜘蛛及徘徊性蜘蛛，茲介紹如下：

（一）結網性蜘蛛

牠們的腹部擁有絲囊的附屬肢，可以從腹部的腺體擠出多達六種絲。蜘蛛絲同時具有的輕質、強度和彈性遠超過了人造物質。蜘蛛通過絲囊尖端的突起分泌黏液，這種黏液一遇空氣即可凝成很細的絲。絲網具有高度的黏性，是蜘蛛的主要捕食手段（圖 10-1）。對黏上網的昆蟲，蜘蛛會先對獵物注入稾消化酶，使昆蟲昏迷、抽搐、至死亡，並使肌體發生液化，蜘蛛再以吮吸的方式進食。

圖 10-1　結網性蜘蛛捕捉蒼蠅

（二）徘徊性蜘蛛

不會結網，而是四處遊走或者就地偽裝來捕食獵物，如：

1. 白額高腳蜘蛛，即臺灣俗稱的旯犽（教育部用字：蟧蜈），以蟑螂為食物（圖 10-2）。

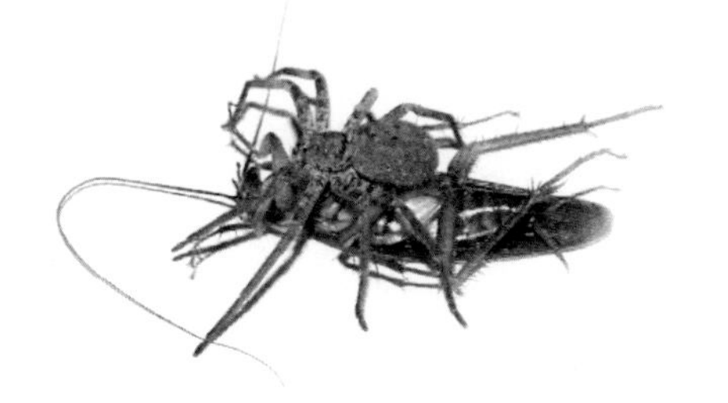

圖 10-2　白額高腳蜘蛛捕食蟑螂

2. 蟹蜘蛛（花蜘蛛），會以花瓣、花蕊的顏色擬態，待昆蟲接近即捕食之（圖 10-3）。在臺灣常見的花蜘蛛（學名：*Argiope bruennichii*），生活於陽光照射的草叢、潮濕地帶，一般在草上或田邊結網。雌蛛體長 18~22 mm，雄蛛體長約 5.9 mm。

3. 蠅虎、跳蛛，視力很發達，一般通過視力（30 cm 內）發現獵物並使用各種方式捕食，主要捕食蒼蠅（圖 10-4）。安德遜蠅虎(*Hasarius adansoni*)是在居家環境中常見的蠅虎，常在明亮的牆面、陽臺、門窗等環境出沒，成蛛體長 4.6~9.8 mm，頭胸部具 8 顆單眼，呈三列排列。通常在白晝活動，行動敏捷，善於跳躍，主要捕食蚊、蠅類等小型昆蟲維生。活動時腹部末端會隨時連著一條曳絲，曳絲有助於在跳躍過程維持平衡。

圖 10-3　蟹蜘蛛（花蜘蛛）

圖 10-4 蠅虎捕食蒼蠅

二、生態

結網蜘蛛的生態史流程，包括卵囊→若蛛團→遊絲→附著盤→曳絲／垂絲→網→捕帶／綑屍帶→精網。蜘蛛的成長史可以分成 4 個時期：胚胎期(Embryonic stage)、幼蛛期(Spiderling stage)、若蛛期(Young spider stage)、成蛛期(Adult stage)。

1. 卵囊：雌蛛產卵，通常先產絲墊，再將卵產於絲墊，最後以絲包裹卵如繭，具有保溫、保濕、防水的功能。
2. 若蛛團：若蛛(Young spider)破卵囊而出，一般若蛛吐簡單的絲，絲絲相連在一起，若蛛就聚集在一團。
3. 遊絲：若蛛團準備各奔東西時，選擇好天候，若蛛各自爬到高處，由絲疣吐出絲，隨著風和上升氣流擴散。
4. 附著盤：停棲時，會用很多絲結成固定絲盤，以利自己穩固於上，並為曳絲／垂絲的起點。
5. 結網：捕蟲網。
6. 捕帶／綑屍帶：綑綁或包裹獵物。

7. 精網：雄蛛於交配前，先織一個小網，承接生殖孔排出的精液，然後用觸肢前端膨大的觸肢器吸入精液暫存。
8. 繁殖：雄性蜘蛛的觸肢已演化成注射器用來注射生殖器。為了避免在交配前被吃掉，雄性蜘蛛藉由種種複雜的求偶儀式來顯示自己的身分。雄性蜘蛛觸肢末端形成手套狀，可於交配時傳送精子，徘徊性雌蛛會利用觸肢攜帶卵囊。雌性蜘蛛會以絲編織蛋殼，可以容納幾百顆的蛋，這些蜘蛛會孵化成看似小型的成年個體，牠們大部分無法進食直到第一次蛻皮。
9. 蜘蛛的壽命：大部分的蜘蛛只能活 2 年，但捕鳥蛛科和其他原疣亞目蜘蛛可以被飼養的狀態下活上 25 年。

三、習性

絕大多數的蜘蛛都是獵捕活的小動物，通常蜘蛛只能吃入液態食物，當獵物被捕捉時，蜘蛛用毒牙刺入獵物，注入毒液，將其制伏，一般蜘蛛直接將消化酶注入獵物體內，如果下顎有齒狀突的蜘蛛，則將獵物外殼咬碎，再將消化酶注入獵物體內，這種現象就叫體外消化。經消化的食物如糜爛的精力湯，由食道末端有個強而有力的吸胃，將糜湯由口器吸入，並將固體殘渣過濾掉。

蜘蛛是肉食性的，蜘蛛的毒是為了捕捉獵物，其毒性依據獵捕的難易度而有差異，結網性蜘蛛的毒性相對比較低，徘徊性蜘蛛的毒性相對高，不過絕大多數的毒對人幾乎沒有太大的影響，目前臺灣發現的蜘蛛，較具毒性的不到 5 種，大多數是徘徊性夜行蜘蛛，臨床上沒有致死的記錄，主要的傷害是傷口不容易癒合。蜘蛛毒液的成分相當複雜，主要是神經毒液，為多種不同分子量的毒蛋白混合而成，另外也含有一些蛋白質分解酵素和胺類物質。

四、防治

以現代害蟲管理的觀念，居家主要關心的是蜘蛛的數量，如果數量未達必需控管的標準，就無防治必要。大多數的蜘蛛會在人類家中織網，這些網會捕食到對人類有害的昆蟲（例如蚊子），甚至特別愛捕食剛吸完血的雌蚊。徘徊性蜘蛛會在室內較陰暗、潮濕處捕食害蟲，如蟑螂、蒼蠅等。

防止蜘蛛入侵的方法，建議使用驅除方式，如：

1. 把肉桂粉灑在家中牆壁的邊線縫隙。
2. 鹽水：製備 15%溫鹽水，噴在蜘蛛巢穴或是直接噴到蜘蛛身上。
3. 白醋：製備 50%白醋溶液，可以噴在家中牆角與各種縫隙中。
4. 椰子油：製備 30~40%椰子油與水混合溶液，噴在家中牆角與各種縫隙中。
5. 橘子、檸檬皮：橘子皮或檸檬皮的浸泡溶液(1：1)，噴在蜘蛛巢穴或是直接噴到蜘蛛身上。
6. 市售的薄荷、薰衣草、茶樹或是柑橘類等精油，也可用作蜘蛛的驅避劑。

10-2 蜈蚣的生態習性及防治

蜈蚣(Centipedes)並不是昆蟲，但牠是屬於節肢動物，俗稱百足蟲(Centipoda)（圖 10-5），屬於非吸血性的動物，多生活於戶外潮濕陰暗處，當牠們在住家內、外活動時，常會造成騷擾，甚至引起部分民眾之惶恐不安與情緒緊張。即使是無毒的蜈蚣仍經常驚嚇到人，因為牠們移動時同時動用大量的腳，牠們傾向於從黑暗中竄出去捕捉獵物，偶爾從

人們的腳邊或視線竄過，如果民眾對蜈蚣缺乏正確的認知，容易產生莫名的恐懼(Unknownymous fear)而導致心裡的陰影。

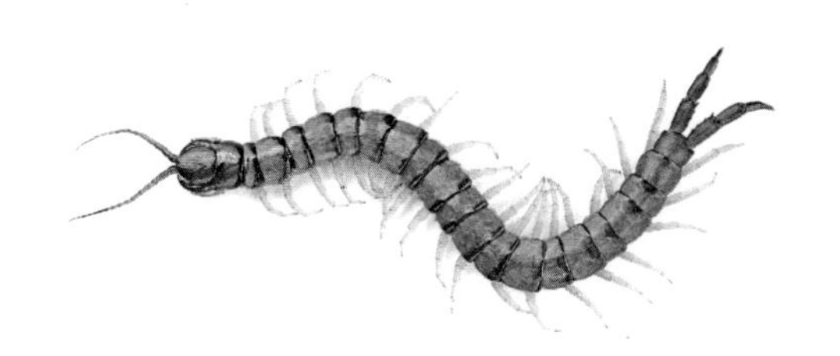

圖 10-5　百足蟲；蜈蚣

一、特徵

蜈蚣屬節肢動物門、唇足綱(Chilopoda)之種類。唇足綱分成 4 個目，包含：蚰蜒目、蜈蚣目（又名「熱帶蜈蚣」）、石蜈蚣目和地蜈蚣目。蜈蚣只有奇數對的腳，節數範圍從 15~181 節，如蚰蜒目具有 15 體節，石蜈蚣目具有 15 體節，蜈蚣目具有 21 或 23 體節，地蜈蚣目具有 31~181 體節，絕無偶數。蜈蚣體細長，背腹扁平，胸部及腹部癒合為軀幹部；軀幹部除最後第二或第三體節外，每一體節具有一對足，適於快速爬行。詳細特徵描述如下：

1. 蜈蚣的頭部呈現圓或扁平狀，前端有一對觸角。
2. 很多品種的蜈蚣沒有眼睛，少數蜈蚣擁有單眼；這些單眼有時會聚集起來形成複眼，這些眼睛具有分辨明、暗的功能。
3. 蜈蚣有一對用於咬與切割的顎(Mandible)，以及兩對用於進食與操縱食物的小顎(Maxilla)（圖 10-6）。
4. 第一對小顎包含小顎鬚，形成下唇。

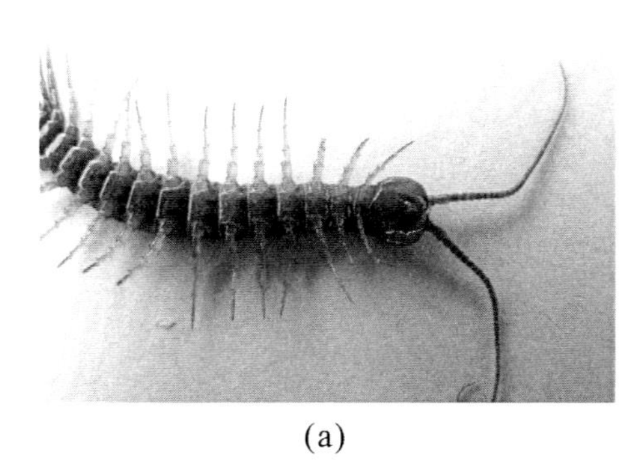
(a)

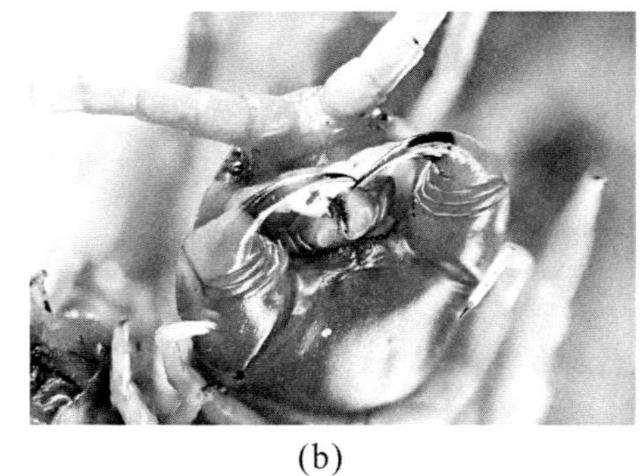
(b)

圖 10-6 蜈蚣有一對用於咬與切割的顎(Mandible)

5. 軀幹部之第一對附肢特化變為毒爪(Forcipule)，是一個鉗狀附肢，具有毒腺之開口，位在頭部底面。可利用毒爪攫捕獵物並穿刺而將毒液注入體內。
6. 蜈蚣的每一節通常有一個開口或氣門，具有一對足。
7. 足的數目少者有十對，多者甚至達一百餘對。

二、生態

蜈蚣是掠食性動物，且適應了獵捕多樣的生物。蜈蚣在生態上扮演著較高級消費者的地位，牠會捕食土壤中的體形較小的動物，抑制一些害蟲的數量，就整體而言，牠對人類是有益的。蜈蚣的繁殖沒有交配的過程，雄蜈蚣留下精莢給雌蜈蚣。一些蜈蚣會將精莢放在網裡，然後雄蜈蚣進行求偶舞，吸引雌蜈蚣。石蜈蚣目和蚰蜒目會將牠們的卵放進土壤的洞裡，雌蜈蚣用土或葉子將洞覆蓋，然後離開。產下的卵約 10~50 顆。地蜈蚣目和蜈蚣目的雌蜈蚣產下的卵約 15~60 顆，卵被產在土壤或朽木裡，雌蜈蚣會保護這些卵。胚胎到孵化的發展時間不固定，可能需要一到數個月。

蜈蚣在生態上扮演著較高級消費者的地位，牠會捕食土壤中的體形較小的動物，抑制一些害蟲的數量，就整體而言，牠們對人類是有益的。蜈蚣通常不會主動攻擊人，中小型蜈蚣的毒鉤小，毒液量少，不會對人的安全造成威脅；至於大型的蜈蚣，其毒液也沒有致命的危險。當發現蜈蚣時，請不要立即打死牠，可以用掃把畚斗掃出門外，放牠一條生路。近年來鄉村都市化，山坡地的濫墾濫伐，農藥殺蟲劑的濫用，已對蜈蚣的生存棲息地造成相當程度的破壞，威脅到蜈蚣的生態與多樣性。

三、習性

蜈蚣之體壁缺乏臘質層覆蓋，抗乾燥之能力低，而且蜈蚣是以氨的形式排泄含氮廢物，這種排泄模式需要耗費較多的水，所以牠通常生活於潮濕之環境，且需尋找潮濕之土壤環境來產卵。白天大多藏匿於土中、石下、傾倒樹木之鬆、裂樹皮下、腐爛之木材、落葉或植物碎屑中；於夜間活動，以減少水分之散失。通常蜈蚣都是雄、雌的成雙出入，若發現一隻，就應該還有至少另一隻或一家大小，故必須注意。牠們偶爾經由門下、窗戶縫隙或水管爬入廚房或浴室，如不小心碰觸到較大的蜈蚣，牠即會咬人，造成局部腫痛。雖有數種蜈蚣會咬人，但卻很少因被咬而致死者。

➲ 蜈蚣的食性

蜈蚣為肉食性，主要以昆蟲及其他節肢動物為食，如：蚯蚓、白蟻、蜘蛛、蟑螂、蛞蝓，甚至藏在地底的幼蟲。蜈蚣不吃已死的動物，當蜈蚣用毒爪抓住小獵物時，會直接塞進嘴裡吞下，若遇到頑強抵抗的獵物時，便會由毒牙基部的毒液囊，把毒液注射入，使獵物癱瘓。牠捕食獵物只是因為肚子餓了，一旦飽餐之後，便數天不食，這時如果有小動物靠近，甚至爬到身上，都不會受到攻擊。地蜈蚣的主食可能是蚯蚓，牠們挖掘土壤並且用毒爪輕易刺穿蚯蚓。

四、防治

成年人被蜈蚣咬後，除了感到十分疼痛外，可能會有嚴重腫脹、發抖、發燒與虛弱等症狀，不過不太可能會致命。蜈蚣咬傷對於小孩與有過敏反應的人較具威脅，過敏者可能產生過敏性休克。較小的蜈蚣可能無法咬穿皮膚而較無威脅性。蜈蚣的毒液類似蜂毒，會疼痛，但不會致命，而且大多數蜈蚣體形小，毒液量少。萬一被咬時，最好的處理是清洗及消毒傷口，冰敷可以減輕局部的腫脹及疼痛，幾天後疼痛消失即痊癒。少數人會有較劇烈的症狀，如紅腫、淋巴腺腫大等，這是傷口被細菌感染，應馬上就醫。

居家環境如果室內採光度低、通風不良、居家濕氣較重或有小蟲子（如蚯蚓、白蟻、蜘蛛、蟑螂、蠹斯、蟋蟀、蚱蜢、蛞蝓等）入侵，皆是導引蜈蚣進入家裡覓食的因素。蜈蚣的天敵，如寄生線蟲、螞蟻、石龍子、雞、鳥類、老鼠、貓鼬、蠑螈、甲蟲和蛇等。

通常人們很少針對零星發生之蜈蚣施以防治，除非住家深受其擾或大量發生時，才採取防治措施。必要時，於家屋內外縫隙、孔洞及其可能棲息之處所，撒石灰粉及保持該區域乾燥。化學防治可利用殘效性藥劑噴灑，如牆壁之空隙可施用陶斯松粉劑、室內角落利用除蟲菊精劑；非殘效性藥劑噴灑，如施用合成除蟲菊類藥劑，擴大噴灑於發現蜈蚣的地點，及其逃竄之路徑，可提供立即防治之效。

10-3 蚰蜒的生態習性及防治

鞘蚰蜒，學名 *Scutigera coleoptrata*，屬於唇足綱(Chilopoda)、蚰蜒目(Scutigeromorpha)、蚰蜒科(Scutigeridae)，俗稱蚰蜒，別名草鞋蟲、錢串子（圖 10-7）。蚰蜒目目前在全世界已記錄約有 90 多種，分為 3 個科、26 個屬。蚰蜒原分布於地中海，現已分布於全世界，其中在臺灣的紀錄有 3 個屬、5 種，*Scutigera coleoptrata*、*Thereuonema hilgendorfi*、*Thereuonema tuberculata*、*Thereuopoda clunifera*、*Thereuopoda longicornis*。

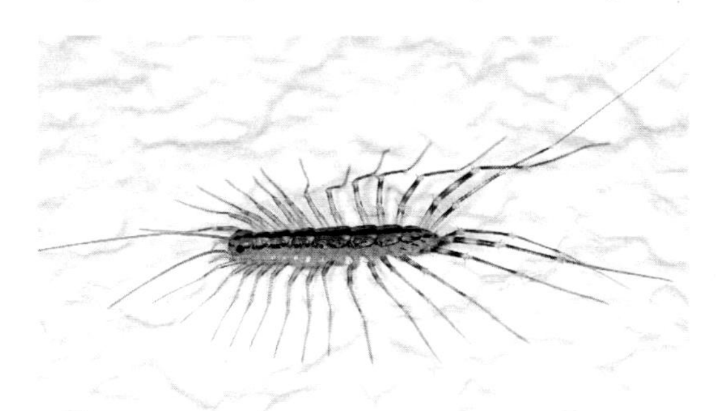

圖 10-7　鞘蚰蜒（俗稱蚰蜒；別名草鞋蟲）

鞘蚰蜒常見於人類居住環境中，也常在戶外大石頭下、石縫、木材堆、植物縫隙中發現。鞘蚰蜒能夠終生生存於建築物中，因為牠們以居家的害蟲(Household pests)為食（圖 10-8）。雖然蚰蜒被認為是一種益

圖 10-8　鞘蚰蜒捕食蒼蠅

蟲，但是牠們具令人不安的外表、驚人的爬行速度與被叮咬時會疼痛，因此很少人願意與牠們同居一室。

一、特徵

屬於唇足綱動物，軀幹多節，每一體節具有一對足，其中第一對附肢特化為可以注射毒液的顎足，位在頭部下方。蚰蜒體為圓筒狀，具一對複眼，成體具 15 對明顯細長的步足，移動相當迅速靈敏，其氣孔位於背板末端，與一般蜈蚣氣孔位在體節兩側極不相同。蚰蜒體長約 2.5~6 cm，外形長得像蜈蚣，身體具硬殼呈黃灰色或深褐色，背部具三條黃色縱向，條紋縱貫全身，具 15 對步足，很長且脆弱；後肢比前肢長，步足也有深色的條紋。

蚰蜒行動迅速，氣管集中，幾千個單眼聚集在一起構成偽複眼。視力差，行動迅速。其爬行、捕食或是尋找棲息的處所，主要依靠 1 對敏感的觸角。表 10-1 蚰蜒與蜈蚣在形態、特徵上的差異，可提供進階的瞭解與比較。

表 10-1　蚰蜒與蜈蚣在形態、特徵上的差異

特徵＼品種	鞘蚰蜒(*Scutigera coleoptrata*)	蜈蚣(Scolopendridae)
生物分類	節肢動物門、唇足綱	節肢動物門、唇足綱
	蚰蜒目	蜈蚣目
俗稱	蚰蜒	百足蟲
別名	草鞋蟲、錢串子	熱帶蜈蚣
頭部	呈倒三角圓錐型	呈現圓或扁平狀
顎足	具毒腺，位在頭部下方由一對附肢特化為爪	鉗狀附肢從身體往前延伸，尾端帶有毒腺利爪
觸角	頭部前端有一對觸角，約與身體等長	頭部前端有一對觸角，觸角分為 18 節

表 10-1 蚰蜒與蜈蚣在形態、特徵上的差異（續）

特徵\品種	鞘蚰蜒(*Scutigera coleoptrata*)	蜈蚣(Scolopendridae)
眼睛	一對，由幾千個單眼聚集構成偽複眼，視力差	頭部兩側各固定有 4 隻單眼，視力差
體表	具硬殼	缺乏蠟質覆蓋
體形	圓筒狀	細長
氣孔	位於背板末端	位於體節兩側
體色	黃灰色或深褐色	土褐色、棕色及紅色組合，腹部淡褐色
背部	具三條黃色縱向條紋縱貫全身	土褐色、棕色及紅色組合，不具縱向條紋
體長	2.5~6.0 cm	8~13 cm
體節	15 節，每一體節具一對足	21 或 23 節，每一體節具一對足
步足	15 對，具深色條紋，後肢比前肢長	21 或 23 對，土褐近紅棕色，後肢比前肢長
步行速度	42 cm/sec	＜40 cm/sec
棲息場所	腐葉、朽木、石縫中	土壤、落葉堆、石頭與腐木下
活動習性	夜間覓食	夜間 8~12 時覓食活耀
食性	肉食性	肉食性
主要捕食對象	蜘蛛、臭蟲、白蟻、蟑螂、蠹魚、螞蟻	蚯蚓、白蟻、蜘蛛、蟑螂、蚤斯、蟋蟀、蚱蜢、蛞蝓
生命週期	3~7 年	2~3 年

二、生態

蚰蜒，屬於代謝較低、生長緩慢、繁殖能力差而壽命很長的物種。蚰蜒沒有直接交配的行為，在求偶完之後雄蚰蜒留下精莢，由雌蚰蜒拾取置入體內，完成受精。蚰蜒並沒有護卵及護幼行為，通常雌蚰蜒將卵留置在土壤中便會離開。春季產卵，平均可產下 63 個卵，初生蚰蜒僅四對步足，在第一次脫皮後會增加一對步足，此後每次脫皮都會增加兩對步足，直至成體 15 對足。牠們的生命週期大約為 3~7 年，視棲息的環境而定。

在臺灣，蚰蜒主要分布在亞熱帶地區森林底層或洞穴，偏好潮濕溫暖的環境，因此，比較容易出現在近郊或樹林附近的住宅，通常出現在人們少進出的地下室或儲物間。

三、習性

蚰蜒屬於夜行性生物，喜歡濕冷的環境。能以極快的速度在牆壁、天花板和地面移動，速度每秒可前進 42 cm。蚰蜒為肉食性，主要捕捉小型節肢動物為食，如蜘蛛、臭蟲、白蟻、蟑螂、蠹魚、螞蟻和其他居家節肢動物，蚰蜒用毒牙將毒液注入牠們的體內，將之殺死。

在室外，蚰蜒較喜愛生活在濕冷的地方。大多生活在外面的大石頭下、木材堆和堆肥堆中。在家中，幾乎可以在任何地方發現蚰蜒；尤其是在地下室、浴室和廁所，這些地方有許多水。在乾燥的地方也能發現牠們，如辦公室、寢室和餐廳。最容易發現牠們的季節是春季，因為天氣變暖較為活躍，牠們會因為天氣變冷而到處尋找人類的住所過冬。

蚰蜒不會主動襲擊人類，相反還非常懼怕人，如果用手觸摸，牠會迅速逃離。蚰蜒和常見的蜈蚣相同具有毒鉤和毒腺，但毒鉤較蜈蚣脆弱無法刺穿皮膚，對人體危害甚小，僅可能造成較輕微過敏反應。被蚰蜒咬到而產生的疼痛或癢，和被蚊子叮咬到類似。蚰蜒的毒液很弱，不會導致其他較大的寵物如貓和狗的嚴重傷害。

四、防治

1. 蚰蜒為捕食性，維持家中整潔、避免雜物囤積可減少蚰蜒躲藏的地方和獵物的食物來源。
2. 加裝紗窗紗網、封閉連通室內外的小縫隙也可減少蚰蜒誤闖家中的機會。
3. 可以在牆面塗刷殺蟲塗料，化學藥劑殘留具有毒殺和忌避作用。
4. 在室內陰暗、潮濕處噴灑敵百蟲粉劑（二甲基－磷酸酯）、滅害靈（複合型人工合成的擬除蟲菊酯類殺蟲劑）等環境衛生用藥。

10-4 壁虎的生態習性及防治

壁虎是屬於動物界、脊索門、爬蟲綱、有鱗亞綱、蜥蜴亞目、守宮科（壁虎科）。壁虎（或稱守宮、蜥虎等）在演化史上屬於有鱗目(Squamata)蜥蜴亞目中較古老的種類－壁虎（守宮）科(Gekkonidae)（圖10-9）。全世界約有 1,050 多種，分隸 83 屬（占全部蜥蜴種類約 1/5 以上）。臺灣本土守宮科，有五屬、十種，其中最常見的有兩種：其一是蝎虎，主要分布於中、南部與東南部地區；另一是無疣蝎虎，主要分布於中、北部地區。次常見的是多疣壁虎，主要分布在北部地區，其他六種壁虎的族群數量比較少。蘭嶼壁虎和雅美鱗趾虎是臺灣特有種，主要分布在蘭嶼。壁虎為蟲食性(Insectivorous)，主要以昆蟲和其他節肢動物為食，是害蟲的天敵，可以作為環境有害生物之生物防治。

不同品種的的壁虎叫聲略有差異，如分布於臺灣中、南部的蝎虎，牠能由喉部發出之響亮叫聲（大聲是 Ar-gee-gee-gee-gee，小聲是 Ar-chu-chu-chu-chu），很容易引人注意。臺灣北部常見的無疣蝎虎，較無法發出明顯的叫聲。因此，使得許多民眾產生了「北部的壁虎不會叫，南部壁虎會叫」的錯覺。壁虎的叫聲有求偶、守衛領地及警告入侵者的功能。壁虎是所有蜥蜴亞綱中最能發出叫聲和使用叫聲來表達的蜥蜴。

圖 10-9 壁虎（或稱守宮、蝂虎）

一、特徵

在臺灣，常見的壁虎有六大特徵：

1. 壁虎的身體，通常是扁平的，體全長最大不超過 40 cm，外表有小型而軟質的鱗片。
2. 頭部背面沒有對稱排列的大鱗片。眼睛通常很大，其瞳孔為垂直型與貓眼類似，多數無活動眼瞼，且常吐舌用以舔眼。
3. 壁虎都有四肢，其腳趾大都強而有力，通常腳趾都較寬扁，且趾下有皮瓣，皮瓣上有數以萬計的細毛；約有 100 微米(μm)長，每一細毛中又有許多的分叉及微細毛。這些皮瓣下的細毛，使得壁虎能在平滑的牆壁上爬行。市面上的魔鬼氈、黏扣帶、壁虎膠帶、附著力強而耐用的鞋子和輪胎等日用品，大部分皆來自壁虎腳掌的靈感而設計。

4. 壁虎大都有股孔，但只存在於雄性的個體。遇有敵人或干擾時，容易斷尾逃脫，尾巴再生力強（圖 10-10）。雌壁虎的生殖方式為卵生，每次均產兩顆蛋。

5. 壁虎大多屬於夜行性(Nocturnal)，但也有日行性的壁虎。牠們大都能發出叫聲，其聲音從輕小的聲音到極大的吼叫聲都有。壁虎是所有蜥蜴種類中最能發出聲音和使用叫聲來表達的蜥蜴。

圖 10-10　壁虎斷尾求生

6. 由於夜間照明燈光誘來許多搖蚊、家蚊、蠅蚋等飛蟲，甚或爬蟲，壁虎即在此燈光底下守株待兔，伺機捕食（圖 10-11）；壁虎捕食飛蟲時，在牆角甚或在牆壁上，留下許多糞粒，不易清除，尤其是在潔白的牆上留下汙跡，非常不雅，欲除之而後快。

圖 10-11　壁虎在燈光下捕食飛蟻

二、生態

臺灣本土守宮科，有 5 個屬、10 個品種，其生態介紹如下：

（一）守宮(*Gekko hokouensis*)

俗稱壁虎，體長最大不超過 13 cm。體背具大型橫斑，延伸至尾部，第一趾不具爪，體背面疣鱗較高，四肢背面皆無疣鱗，腹鱗大而平滑，覆瓦狀排列。趾腹面具皮瓣，頭部無對稱鱗，無毒，棲息於住家、草原、林地，夜行性，以昆蟲為食，普遍分布於臺灣低海拔地區及蘭嶼等地。

（二）蝎蜓(*Hemidactylus bowringii*)

俗稱無疣蝎虎，體長最大不超過 12 cm。足趾腹面具皮瓣，頭部無對稱鱗，無毒，棲息於建築物、草原、林地，夜行性，以昆蟲或其他無脊椎動物為食，廣布於臺灣。

（三）蝎虎(*Hemidactylus frenatus*)

俗稱橫斑蜥虎、疣尾蜥虎、蜥虎，體長可達 7.5~15 cm。身體扁平，吻端圓鈍，眼睛大型，四肢短，趾端彭大，體色易改變，頭側有一黑褐色條紋，經眼達體兩側，腹面白色。趾腹面具皮瓣，頭部無對稱鱗，無毒，棲息於建築物、草原、樹林中、墾地，黃昏出現，夜行性，以昆蟲為食，常見於臺灣各地。

（四）蘭嶼守宮(*Gekko kikuchii*)

俗稱菊池氏蛤蚧、蘭嶼壁虎，為中、大型的壁虎，體長可達 8~10 cm。體背中線兩側，各有一行褐色斑紋，體色多變化，尾有櫛刺狀環節，趾腹面具皮瓣，頭部無對稱鱗。無毒，棲息於建築物、墾地、闊葉林、海岸等地。夜行性，以昆蟲為食，常見於蘭嶼各地。

（五）鋸尾蝎虎(*Hemidactylus garnotii*)

身體扁平，頸部寬而扁平，吻鱗圓鈍，體背黃褐色，有小圓斑排列。大眼，四肢短小，第四趾最長，趾腹面具皮瓣，頭部無對稱鱗。無毒，棲息於建築物、闊葉林，夜行性，以昆蟲為食，能行孤雌生殖(Parthenogenesis)。

（六）雅美鱗趾蝎虎(*Lepidodactylus yami*)

體色多變化，背部有二列縱向的大型深色斑塊，四肢短小，趾端膨大，鼻孔與吻鱗未相鄰，趾腹面具皮瓣，頭部無對稱鱗，無毒，棲息於建築物、闊葉林；以昆蟲為食，分布於蘭嶼。

（七）鱗趾蝎虎(*Lepidodactylus lugubris*)

顏面有一條過眼之褐線，肩部兩個黑色的斑點，尾部兩側呈小鋸齒狀，尾部呈扁平狀，體有波浪狀花紋，趾腹面具皮瓣，頭部無對稱鱗。無毒，棲息於建築物、闊葉林、墾地，以昆蟲為食，分布於南臺灣、蘭嶼、綠島。

（八）半葉趾蝎虎(*Hemiphyllodactylus typus*)

體褐色或灰褐，四肢短小且第一趾極短，趾腹面具二列皮瓣，尾呈圓筒形，頭部無對稱鱗。無毒，棲息於闊葉林，夜行性，以昆蟲為食，分布於臺灣東部、南部、蘭嶼、綠島。

（九）裂足蝎虎(*Gehyra mutilate*)

體色多變化，背部灰褐色，有明顯淡色條紋，頭寬而扁平，吻端圓鈍，尾長扁平而尖，兩側呈鋸齒緣。趾腹面具皮瓣，頭部無對稱鱗。無毒，棲息於建築物、闊葉林、墾地，以昆蟲為食，夜行性，分布於臺灣、中國、香港、琉球等地。

（十）扁尾守宮(*Cosymbotus platyurus*)

體長約 12 cm，為居家型守宮。後肢後緣、體側面及尾側面覆有不太發達的皮膚薄膜。腳趾根部有蹼狀薄膜，具有極佳之跳躍能力。夜行性，以小型昆蟲或蜘蛛為食，分布於東南亞，臺灣很少見。

此外還有一種，臺灣瀕臨絕種的壁虎──大守宮(*Gekko gecko*)，俗稱蛤蚧，體長 25~35 cm，屬於大型守宮，體形壯碩，體灰藍色，夾雜橘黃色與淡藍色水滴狀的斑紋，皮膚上覆蓋著疣狀突起。大眼橘色，夜間視力佳。腳趾的趾端彭大，多數腳趾具有爪子，以利爬行。棲息於森林或住家內，以大型昆蟲、其他種守宮或老鼠為食。性情兇猛、具攻擊性、壽命長，可做中藥材（蛤蚧）（圖 10-12），在臺灣已七十幾年不見其蹤影。

(a)

(a)

圖 10-12　大守宮及被製成中藥材的蛤蚧

三、習性

地處熱帶和亞熱帶地區的居住社區，各家各戶只要有簷篷小洞的地方都可以發現其蹤跡。壁虎生活於建築物內，以蚊、蠅、飛蛾等昆蟲為食。夜間活動，夏秋的晚上常出沒於有燈光照射的牆壁、天花板、檐下或電桿上，白天潛伏於壁縫、瓦角下、櫥櫃背後等隱蔽處。壁虎是屬於季節性的卵生動物，會選擇隱蔽地方產卵，每次產 2 顆；卵白色，卵圓形，殼易破碎，孵化期約 1 個多月（圖 10-13）。壁虎在溫度低於攝氏16℃的環境下會變得不活躍，所以一般在臺灣地區生活的壁虎，每逢冬季就會躲起來進入冬眠狀態，因此，壁虎比較少見於溫帶和寒帶等寒冷地區。大部分壁虎（約 75%）的活動習性是黃昏或夜行性的。

圖 10-13 壁虎產卵白色的蛋

斷尾求生

所有的壁虎在尾巴被抓住的時候都會斷尾求生，原理是牠們會利用身體的肌肉劇烈收縮，把尾巴的骨骼與身體分離；促使尾巴斷落（神經沒有死，不停的動彈），斷尾會在初脫離壁虎本體之後一段時間內繼續抖動；藉以分散敵人之注意力，進而逃脫。斷尾後的壁虎會漸漸再生長出一條新的尾巴。

四、防治

壁虎每天守在燈光下、牆壁上捕食小蟲，包括蚊、蠅、蟑螂，甚至於老鼠，為我們除害；可供為病媒防治之天敵，是為有益動物。如果能夠忍受，能不防治，就不防治，不一定要趕盡殺絕。

居家之所以有壁虎，是因有小蟲發生引其來捕食。所以要有效驅逐壁虎，應保持居家整潔，防治蚊子、蒼蠅等各種小蟲的發生。沒有小蟲，壁虎自然不會再來。在家中防治或驅除壁虎的方法，茲建議如下：

1. 樟腦丸的味道能驅走壁虎，可在每一個小角落和隱蔽處放置樟腦丸。
2. 把牙膏沿著壁虎會經過的路線塗在牆角，能驅走壁虎。
3. 用漂白水加水稀釋擦拭牆壁、門框、地板，能阻隔壁虎進入屋內。
4. 可將黏蟲板置於燈光下，或貼於牆上，除了可以黏捕小蟲外，更可利用黏膠上捕獲之小蟲，兼當誘餌，黏捕壁虎。

課後複習

1. 蜘蛛有幾顆眼睛？(A) 4 顆　(B) 6 顆　(C) 8 顆　(D) 12 顆單眼。
2. 下列何種蜘蛛不會結網？(A)白額高腳蜘蛛　(B)蟹蜘蛛　(C)蠅虎、跳蛛　(D)以上皆是。
3. 蜘蛛的哪一個器官具有觸覺、嗅覺和聽覺的功能？(A)觸肢　(B)足末端　(C)口器　(D)附屬肢。
4. 蜘蛛捕獲獵物後會先對獵物注入何種特殊的液體？(A)蛋白質溶解酶　(B)神經毒　(C)棗消化酶　(D)以上皆是。
5. 蠅虎、跳蛛，視力很發達，一般通過視力多遠的距離可發現獵物並捕食？(A) 1 公尺　(B) 50 公分　(C) 30 公分　(D) 10~20 公分。
6. 蜈蚣的腳是奇數對還是偶數對？(A)奇數對　(B)偶數對　(C)以上皆是。
7. 蜈蚣的毒液可使獵物癱瘓，屬何性質？(A)神經毒　(B)蛋白質溶解酶　(C)組織胺　(D)類似蜂毒。
8. 下列何種動物是蜈蚣的天敵？(A)螞蟻　(B)雞　(C)老鼠　(D)以上皆是。
9. 蚰蜒體長約 2.5~6 cm，外形長得像蜈蚣，具有幾對步足？(A) 9 對　(B) 13 對　(C) 15 對　(D) 21 對。
10. 蚰蜒屬於夜行性生物，能以極快的速度在牆壁、天花板和地面移動，其速度有多快？(A) 80 公分／秒　(B) 52 公分／秒　(C) 42 公分／秒　(D) 12~20 公分／秒。
11. 居家中發現壁虎，可能是有何種昆蟲的入侵？(A)蚊子　(B)蒼蠅　(C)蟑螂　(D)以上皆是。

12. 下列何種壁虎廣布於臺灣北部？(A)無疣蝎虎 (B)多疣壁虎 (C)蝎虎 (D)以上皆是。

13. 壁虎的瞳孔為何種型式？(A)圓孔型 (B)垂直型 (C)橫線型 (D)球狀眼珠。

14. 壁虎是所有蜥蜴亞綱中最能發出叫聲和使用叫聲來表達的蜥蜴，其叫聲的目的為何？(A)警告入侵者 (B)守衛領地 (C)求偶 (D)以上皆是。

15. 下列何者是臺灣瀕臨絕種的壁虎？(A)蘭嶼守宮 (B)大守宮（蛤蚧）(C)雅美鱗趾蝎虎 (D)裂足蝎虎。

16. 下列哪些藥劑可有效驅逐壁虎？(A)樟腦丸 (B)薄荷 (C)漂白劑 (D)以上皆是。

MEMO

CHAPTER 11

環境衛生用藥的特性、使用安全與環境影響

本章大綱

前言

殺蟲劑是一種施用對象為昆蟲的化學藥劑，經常用於農業、醫藥、工業及居家環境。殺蟲劑可針對處於所有發展階段的昆蟲，包括殺卵劑、殺幼蟲劑和殺成蟲劑。早期的農藥應用是大約在 15 世紀，許多砷、汞、鉛等的有毒化學物質被應用在農作物上以殺死害蟲。在 17 世紀，化學家從菸草中提煉出尼古丁和硫酸鹽作為殺蟲劑，應用於防治農業害蟲。在 19 世紀，生物科學家研發及萃取了兩種更天然的農藥，除蟲菊(Pyrethrum)和魚藤酮(Reoenone)。在 20 世紀，農業的迅速發展，殺蟲劑令農業產量大升。殺蟲劑的使用被認為是 20 世紀農業生產力上升的主要因素之一。到了 21 世紀，農藥對人類生態的衝擊漸趨明顯，幾乎所有殺蟲劑都會嚴重地改變生態系統，且大部分對人體有害，其它的會被集中在食物鏈中，導致漸進式的生態及食物鏈失衡。

舉凡環境衛生用殺蟲劑、殺蟎劑、殺鼠劑、殺菌劑及其他防制有害環境衛生生物之藥品，概稱為「環境衛生用藥」。臺灣位處亞熱帶，氣候極適宜蚊、蠅、蟑、鼠等病媒害蟲生物及細菌、黴菌等微生物之孳生，致使居家環境品質經常遭受嚴重影響。為防止這些有害性的病媒害蟲及微生物之蔓延孳生，環境衛生用藥早已成為一般民眾居家環境衛生之重要日用品。殺蟲劑的安全使用與環境影響，二者之間欲取得平衡需考慮以下三因素：(1)如何安全的使用殺蟲劑以減少居家害蟲；(2)殺蟲劑的劑量與防治效果；(3)使用殺蟲劑後對自身與居家環境的影響。

11-1 環境衛生用藥的介紹

1. 環境衛生用藥依其使用濃度及使用方式可分為：
   (1) 環境衛生用藥原體：指用以製造、加工一般環境衛生用藥及特殊環境衛生用藥所需之有效成分原料。
   (2) 一般環境衛生用藥：指以環境衛生用藥原體經製造、加工，所含有效成分符合中央主管機關所規定限量，使用簡便之藥品。
   (3) 特殊環境衛生用藥：指以環境衛生用藥原體經製造、加工，須在安全防護措施下使用或其他經中央主管機關認定之藥品。
2. 環境衛生用藥包括 3 大類藥品：
   (1) 環境衛生用殺蟲劑、殺鼠劑、殺菌劑，及其他防制有害環境衛生生物之藥品。
   (2) 防治空氣汙染、水汙染、土壤汙染，或處理廢棄物之化學合成藥品。
   (3) 利用天然或人工改造之微生物個體或其新陳代謝產物所製成，用以防治空氣汙染、水汙染、土壤汙染、處理廢棄物，或防制環境衛生病媒之微生物製劑。
3. 環境衛生用藥根據其防治對象分類，包括：
   (1) 殺蟲劑(Insecticides)
   以防治害蟲為主之環境衛生用藥，如：亞列寧(Allethrin)、亞滅寧(Alphacypermethrin)、亞滅松(Azamethiphos)、陶斯松(Chlorpyrifos)、撲滅松(Fenitrothion)、亞特松(Pirimiphos-methyl)等。

（註：禁用陶斯松的措施，係農委會、衛福部、環保署定期召開之「三部會署食品安全及環境保護協調會報」共同討論的決定，所以

採取共同宣布。目前市面上製造許可證最長效期會到 2023 年 12 月 31 日，之後市場流通藥品還有兩年效期，此後市面商品必須全面禁止，2026 年徹底禁止販賣使用）（農委會，2021）。

(2) 殺鼠劑(Rodenticides)

以消滅老鼠為主之環境衛生用藥，如：可滅鼠(Brodifacoum)、撲滅鼠(Bromadiolone)等。

(3) 忌避劑(Repellent)

驅逐害蟲侵害之環境衛生用藥，如：敵避(N,N,-diethyl-m-toluamide; Deet)、埃卡瑞丁(Icaridin; KBR 3023)。

(4) 昆蟲生長調節劑(Insect growth regulator)

使害蟲不能正常完成其生活史而達防治目的之環境衛生用藥，如：賽滅淨(Cyromazine)、二福隆(Diflubenzuron)、美賜平(Methoprene)、百利普芬(Pyriproxyfen)、三福隆(Triflumuron)等。

(5) 殺菌劑(Bacteriocide)

以防治微生物為主之環境衛生用藥，如：糖酸烷基二甲基苯銨(Alkyl dimethyl benzyl ammonium saccharinate)、烷基二甲基氯化銨(Benzalkonium chloride)、鄰－苯甲基對氯酚(O-benzyl-p-chlorophenol)、歐八諾 516 (Obanol-516)等。

(6) 協力劑(Synergists)

增加環境衛生用藥藥效之成分，如：協力克(M.G.K-264)、協力精(Piperonyl butoxide)、協力靈 222 (Synepirin-222)、協力靈 500 (Synepirin-500)等。

以上殺蟲劑之防治對象，又可以細分為：殺爬蟲劑（防治蟑螂、蚤之幼蟲、蜱、蜈蚣等之爬行蟲）和殺飛蟲劑（防治蚊、蠅、小黑蚊等）。選購殺蟲劑時應參考：(1)主成分的特性，如殘效、觸殺、驅逐、擊昏等；(2)主成分、劑型、器材、施用方法及安全含量都要按照標示使能有效防治；(3)必須注意是否具行政院環保署登記字號、安全資料及藥效資料。

11-2 環境衛生用藥的化學成分

一、有機氯殺蟲劑(Organochlorines)

過去常用於防治環境衛生及農業的殺蟲劑，如 DDT、BHC、可氯丹、毒殺芬(Toxaphene)及地特靈(Dieldrin)等。此類藥劑之殘效很長，在環境中不易分解，且易儲存在動物之脂肪組織內，雖然有些毒性並不高，但有些對人極毒，目前多已禁用。

二、有機磷劑(Organophosphates)

廣泛使用於農業害蟲的防治。此類殺蟲劑為含磷之化合物，其中有些藥劑毒性極強。有機磷殺蟲劑很容易經由皮膚、肺及食道進入人體，影響動物的神經傳導系統。對毒殺昆蟲藥效很好，此類藥劑通常在環境中易分解。有機磷殺蟲劑多以「XX 松」命名。常用於環境衛生之有機磷劑，如：亞特松(Pirimiphos-methyl)、陶斯松(Chlorpyrifos)、撲滅松(Fenitrothion)、亞培松(Temephos)等。

三、氨基甲酸鹽劑(Carbamates)

氨基甲酸鹽殺蟲劑對昆蟲之作用機制與有機磷劑相似。殺蟲效果好，環境殘留期短。農業使用較廣，常具惡臭。環境衛生常用之氨基甲酸鹽劑如：安丹(Propoxur)、殺丹(Bendiocarb)，對爬行昆蟲類藥效較好。

四、抗凝血劑(Anticoagulants)

此類藥劑通常作為殺鼠劑使用，其作用機制為凝血因子的障礙，可造成鼠類之出血性傷害。常見的有：可滅鼠(Brodifacoum)、撲滅鼠(Bromadiolone)、可伐鼠(Chlorophacinone)等。

五、合成除蟲菊類(Pyrethroids)

菊酯類殺蟲劑效果迅速，對昆蟲具迅速擊昏之效果，對哺乳類動物毒性低。對人類易引起刺激及過敏之反應。其毒性低、異味小及效果快，故在環境衛生消毒使用頗多，如：亞列寧(Allethrin)、賽滅寧(Cypermethrin)、百滅寧(Permethrin)等。

六、天然有機物(Natural organics)

本類藥劑包括：植物性殺蟲劑(Botanicals)、微生物(Microbials)及油劑(Oils)。

1. 植物性殺蟲劑包括由除蟲菊(Chrysanthemum)分離之除蟲菊精(Pyrethrin)。
2. 微生物製劑包括細菌(Bacteria)、病毒(Viruses)、真菌(Fungi)及原生動物(Protozoans)之製劑。目前在環境衛生使用上最常用的為蘇力菌以色列亞種（*Bacillus thuringiensis israelensis*，簡稱 BTI），其商品名有 Bactimos、Bectobac 等。主要用於蚊幼蟲之防治。
3. 硼酸：屬於天然有機物，常被應用於防治螞蟻、蟑螂。
4. 油劑亦可用來防治昆蟲孳生源之蚊子幼蟲，如：Flit MLO 為提煉自石油之產品，可用來防治孑孑。

七、昆蟲生長調節劑(Insect growth regulators, IGRs)

如青春荷爾蒙或其類似物(Juvenoid)，說明於下：

1. 作用為抑制幼蟲化蛹或導致成蟲型態變異不孕等現象，如：美賜平(Methoprene)用於蚊、蠅幼蟲之防治，烯蟲乙酯(Hydroprene)則用於蟑螂之防治。
2. 可抑制昆蟲表皮幾丁質合成，使其變態受阻而死的幾丁質合成抑制劑，如：二福隆(Diflubenzuron)、克福隆(Chlorfluazuron)、得福隆(Teflubenzuron)。

八、費落蒙(Pheromones)

為昆蟲本身萃取出之體外傳訊素，或人工合成之類似物。本類藥劑可與毒餌（如蠅類餌劑）混合使用。

九、脫水劑類(Desiccants)

此類藥劑通常為毒性非常低之粉劑，對昆蟲之致死作用通常為物理性的破壞表皮臘質層，使其脫水而死。通常用於化學殺蟲劑無法安全施用之地方。如硼酸粉劑，矽膠用於蟑螂及螞蟻之防治。

十、忌避劑(Repellents)

是最常見的活性成分驅蟲劑。可應用到皮膚或衣服上，提供保護，防止壁蝨叮咬、蚊子叮咬、恙蟎寄附，以及其他能傳播疾病的昆蟲靠近。如：避蚊胺(DEET)是一種淺黃色油狀物 N,N－二乙基－間－甲苯甲酰胺(N, N-Diethyl-meta-toluamide)。

11-3 環境衛生用藥的使用

如何安全的使用環境衛生用藥，是環保議題、是健康議題，也是家庭經濟開銷問題。常見的家用殺蟲劑，如忌避劑(Repellent)、殺菌劑(Bacteriocide)、天然有機物殺蟲劑(Natural organics)、化學藥劑(Chemical drugs)，及硼酸(Boric acid)等，在市面上的賣場或網購很容易買到。如何兼顧環保、健康又節省經濟？茲建議如下：

一、防蚊

首要瞭解的是為什麼蚊子會飛進來？因為人體氣味、呼出的 CO_2、人體溫度、潮濕度、環境藍紫光等，是誘引蚊子的主因。如果能夠改善或減免以上的因子就是最好的防治！否則，也有滅蚊的有效方式，如：

1. 化學滅蚊方式：盤式蚊香、電蚊香、液體電蚊香、噴霧殺蟲劑、滅蚊窗紗塗劑、防蚊液、驅蚊花露水…等。
2. 物理滅蚊方式：電蚊拍、滅蚊燈、生態捕蚊機…等。

二、除蠅

光照、顏色、氣味、食物、信息素等蠅類引誘因子。目前對蠅類的防治主要為化學防治，但其化學成分會產生環境汙染，及對人畜不安全甚至中毒，且易造成蠅類產生抗藥性。滅蠅的有效方式，如：

1. 滅蠅燈：是利用光線引誘，使其靠近滅蠅燈燈管，接觸附近的高壓電柵欄或黏蠅紙，將其電死或黏住。滅蠅燈按捕殺的功能可以分為電擊式和黏捕式。
2. 蠅餌劑：利用蒼蠅舐吮習性將有效滅蠅成分吃進體內，迅速滅殺居家蒼蠅。

三、滅蟑

蟑螂性喜溫暖潮濕，常棲息於廚房、餐廳、潮濕之地下室或牆角之縫隙，也常出現於垃圾堆積處及排水溝等具發酵味、油膩、有機質高的黑暗處。改善居家環境是最好的防治，也可利用化學毒劑從蟑螂腹部的氣孔滲入，透過氣管系散布到全身，細小的氣管深入到身體的每一個角落，毒劑散布很快致死。滅蟑的有效方式，如：

1. 化學氣霧劑滅蟑螂。
2. 殺蟑膠餌滅蟑螂。
3. 使用蘇打水滅蟑螂：把小蘇打粉與糖以 1：1 等比例混合，混合後灑在家中蟑螂出沒的地方，鹼性的小蘇打進入蟑螂酸性的消化道後，就能使蟑螂慢慢死亡。
4. 糖水瓶子捕蟑螂：糖水瓶子捕蟑螂。取罐頭瓶 1~2 個，放 3 匙食糖水，加開水半碗沖化作誘餌，將瓶子放在蟑螂活動的地方，蟑螂聞到香甜味後，就會爬入罐頭瓶「陷阱」，活捉！

四、滅鼠

鼠類常出現於下水道、廁所、廚房等處，居家食物貯存及垃圾管理是誘引鼠類進入家中的因子，社區環境衛生不佳是鼠類群聚的主因。滅鼠的有效方式，包括：

1. 化學滅鼠法（腸毒物滅鼠）：如抗凝血劑、毒水、毒粉等。
2. 物理學滅鼠法：如黏鼠板、捕鼠夾、捕鼠籠。

11-4 病媒抗藥性之實務探討

昆蟲對殺蟲劑產生抗藥性是漸進式的，且具有遺傳特質，抗藥性的產生與藥劑的噴灑濃度、頻率相關。在臺灣地區，蚊蟲依過去殺蟲劑使用的歷史，對藥劑種類已產生有不同程度的抗藥性，如：有機氯殺蟲劑、有機磷劑、氨基甲酸鹽劑、抗凝血劑（殺鼠劑），以上藥劑若使用不當，皆會促使病媒產生抗藥性。另類殺蟲劑，如：菊酯類殺蟲劑、微生物製劑、硼酸、油劑、昆蟲生長調節劑、費洛蒙、脫水劑類、避蚊胺(Deet)等，屬於安全藥劑，以上藥劑皆不會促使病媒產生抗藥性。

廣泛的使用殺蟲劑，對環境所造成的負面作用，可能會超乎我們的經濟負擔，而且，未來也會隨時因藥劑的不當使用而產生抗藥性品種。因此，謹慎的選擇與使用殺蟲劑是目前環境衛生的一個重要課題。

課後複習

1. DDT、BHC、可氯丹、毒殺芬(Toxaphene)及地特靈(Dieldrin)等，屬於何種類之殺蟲劑？(A)有機氯殺蟲劑 (B)有機磷劑 (C)氨基甲酸鹽劑 (D)以上皆是。
2. 亞特松(Pirimiphos-methyl)、陶斯松(Chlorpyrifos)、撲滅松(Fenitrothion)、亞培松(Temephos)等，屬於何種類之殺蟲劑？(A)有機氯殺蟲劑 (B)有機磷劑 (C)氨基甲酸鹽劑 (D)合成除蟲菊類。
3. 安丹(Propoxur)、免敵克(Bendiocarb)，屬於何種類之殺蟲劑？(A)有機氯殺蟲劑 (B)有機磷劑 (C)氨基甲酸鹽劑 (D)合成除蟲菊類。
4. 亞列寧(Allethrin)、賽滅寧(Cypermethrin)、百滅寧(Permethrin)等，屬於何種類之殺蟲劑？(A)有機氯殺蟲劑 (B)有機磷劑 (C)氨基甲酸鹽劑 (D)合成除蟲菊類。
5. 可滅鼠(Brodifacoum)、撲滅鼠(Bromadiolone)、可伐鼠(Chlorophacinone)等，屬於何種類之殺鼠劑？(A)有機磷劑 (B)氨基甲酸鹽劑 (C)抗凝血劑 (D)生長調節劑。
6. 敵避(N,N,-diethyl-m-toluamide, Deet)、埃卡瑞丁(Icaridin; KBR 3023)，屬於何種類型之環境衛生用藥？(A)有機氯殺蟲劑 (B)忌避劑 (C)氨基甲酸鹽劑 (D)費落蒙。
7. 下列何種殺蟲劑若使用不當，會促使病媒產生抗藥性？(A)有機氯殺蟲劑 (B)有機磷劑 (C)氨基甲酸鹽劑 (D)以上皆是。
8. 昆蟲生長調節劑，美賜平(Methoprene)常應用於何種害蟲之防治？(A)蚊、蠅幼蟲 (B)蟑螂 (C)蒼蠅 (D)以上皆是。
9. 昆蟲生長調節劑，烯蟲乙酯(Hydroprene)常應用於何種害蟲之防治？(A)蚊、蠅幼蟲 (B)蟑螂 (C)蒼蠅 (D)以上皆是。

10. 下列何種昆蟲生長調節劑(IGRs)可抑制昆蟲表皮幾丁質合成？(A)二福隆(Diflubenzuron)　(B)克福隆(Chlorfluazuron)　(C)得福隆(Teflubenzuron)　(D)以上皆是。

11. 下列何種殺蟲劑屬於安全藥劑，不會促使病媒產生抗藥性？(A)硼酸　(B)菊酯類殺蟲劑　(C)避蚊胺(Deet)　(D)以上皆是。

CHAPTER 12

殺蟲劑的毒性與中毒時的緊急處置

本章大綱

12-1 殺蟲劑的毒性

12-2 殺蟲劑對病媒害蟲的毒理作用與毒殺方式

12-3 殺蟲劑中毒的類型

12-4 殺蟲劑中毒的急救方法

12-5 殺蟲劑中毒的緊急處置

前言

殺蟲劑的殺蟲成分對人體有相對的毒性，這種毒性分為急性和慢性，急毒性的殺蟲劑對人畜威脅較大，而慢毒性的殺蟲劑對人的影響則更為深遠，有致癌、致畸風險，關鍵在於使用的頻率與接觸的劑量。一般家庭用殺蟲劑不僅其殺蟲成分對人體有危害，而且輔助成分對人體也會有影響。家庭用殺蟲劑，大多數確實是低毒性藥劑。然而，「低毒性」的標籤常導致使用者誤以為此等藥劑對人體無害。事實上，低毒性並非無毒，而「毒性」的高低，不在藥劑的本身，而是在於操作的劑量、頻率和正確的使用方法。

在臺灣，夏天的夜晚時分蚊蟲比較多，或在廚房有發現蟑螂時，室內噴了很多殺蟲劑，睡覺時又不開窗，有可能會導致頭暈、四肢無力等症狀，這些都是中毒的徵兆。在臺灣最常見之居家型殺蟲劑中毒，包括：有機磷殺蟲劑(Organophosphates)、氨基甲酸鹽殺蟲劑(Carbamates)和除蟲菊殺蟲劑(Pyrethrin and pyrethroids)等高劑量的經由鼻黏膜吸入，皮膚沾黏，眼睛噴到，口腔黏膜接觸及頭髮（頭皮）沾黏等途徑，導致急性或慢性中毒。因此，學會基本判斷，才能在中毒事故發生的第一時間妥善處理患者，撥打中毒急救電話，尋求專業醫療救護，帶上藥劑標籤供醫療人員查詢。

12-1 殺蟲劑的毒性

定義殺蟲劑的毒性時，通常需用動物試驗來測定所謂的致死劑量或致死濃度(Lethal dose or lethal concentration)，參考致死劑量或致死濃度資料可用來推測殺蟲劑對害蟲、人類及非標的生物的危害程度。殺蟲劑製造、合成及大量生產之前，必須要進行多次的毒性測試；標定其 LD_{50}（Medium lethal dose；測試生物半致死劑量）或 LC_{50}（Medium lethal concentraction；測試生物半致死濃度）值，可用來決定人類或其他非標的生物所能接受而不至於引起傷害的最大劑量。

殺蟲劑依來源可分為：(1)自然農業殺蟲劑：如尼古丁和紅花除蟲菊，是被植物自然製造出來的；(2)無機殺蟲劑：如金屬合成殺蟲劑，包括砷酸鹽、銅和氟的合成殺蟲劑和硫合成殺蟲劑；(3)有機殺蟲劑：是目前最具發展潛力的殺蟲劑。以上殺蟲劑來源又可依其化學特性分成 4 類：(1)有機氯類殺蟲劑；(2)有機磷類殺蟲劑；(3)氨基甲酸鹽類殺蟲劑，和(4)礦物性殺蟲劑。使用方式必需根據殺蟲劑的來源及化學特性，如系統性殺蟲劑；讓藥劑與植物結合，昆蟲在吃掉植物時會吸收殺蟲劑而致命，如接觸性殺蟲劑；昆蟲與植物直接接觸時會吸收殺蟲劑而致命；此方式經常與煙霧劑共用。

市面上販售的常用殺蟲劑種類，包括：

1. 效果好、毒性強的有機磷類殺蟲劑，如亞特松、陶斯松、撲滅松、亞培松等商品。
2. 效果、毒性適中的氨基甲酸鹽類殺蟲劑，如安丹、拜貢、加保利、滅必蝨、覆滅蟎、歐殺滅等商品。
3. 效果、毒性適中但對魚類毒性強的合成菊精類殺蟲劑，如百滅寧、亞滅寧、治滅寧、芬普寧、益化利等商品。

12-2 殺蟲劑對病媒害蟲的毒理作用與毒殺方式

病媒害蟲感觸到殺蟲劑後的生理反應，稱為毒理作用。如滴滴涕、對硫磷、呋喃丹、除蟲菊酯等作用於害蟲的神經系統，稱為神經毒劑；如魚藤酮、氫氰酸等作用於昆蟲氣門、氣管而影響氣體運送使其窒息死亡，或者是藥劑抑制害蟲的呼吸酶而使其中毒死亡，稱為呼吸毒劑；如礦物油劑可堵塞害蟲氣門，惰性粉可磨破害蟲表皮，使害蟲致死，稱為物理性毒劑；如驅避劑、誘致劑、拒食劑、不育劑、生長調節劑等，能引起害蟲生理上的異常反應，使害蟲致死，稱為特異性殺蟲劑。

殺蟲劑對病媒害蟲的毒殺方式以熏蒸、觸殺方式效果最快，食餌致胃毒，或殺蟲劑通過植物的毒殺方式致使害蟲急性中毒。熏蒸劑如溴甲烷、磷化氫等，藥劑在常溫下以氣體狀態或分解為氣體，通過害蟲的呼吸系統進入蟲體，使害蟲中毒或死亡。熏蒸作用的藥劑通常加磷化鋁、氯化苦、溴甲烷等，一般在密閉條件下使用。

觸殺劑如馬拉硫磷等有機磷殺蟲劑、除蟲菊酯類殺蟲劑及礦油乳劑等，藥劑接觸害蟲的表皮或氣孔滲入其體內，使害蟲中毒或死亡；如腐蝕蟲體蠟質層，或堵塞氣門而殺死害蟲。合成除蟲菊精性質穩定、不易光解、無特殊臭味及安全係數高、殺蟲種類廣、使用濃度低、擊倒作用強、用藥量少、毒性相對低、低殘留。胃毒劑如敵百蟲、乙醯甲胺磷等，胃毒劑是作用於害蟲的胃等消化系統產生毒殺致死效果的藥劑，主要用於防治咀嚼式口器的昆蟲。胃毒劑毒性以急性中毒為主，慢性中毒較小。敵百蟲在鹼性條件下分解的產物敵敵畏，其毒性增大了 10 倍。內吸殺蟲劑如甲拌磷、甲基異硫磷和甲基硫環磷等，藥劑通過植物的葉、莖、根部或種子被吸收進入植物體內，並在植物體內疏導、擴散、存留或產生更毒的代謝物。當害蟲刺吸帶毒植物的汁液或食帶毒植物的組織時，中毒死亡。此類藥劑一般只對刺吸式口器的害蟲有效。

➲ 殺蟲劑中毒類型及處理方法

1. 吸入性中毒：指毒物由呼吸道進入，主要處理法是迅速將患者移出中毒場所至通風處，維持其呼吸順暢。
2. 接觸性中毒：指毒物由皮膚、黏膜吸收或傷及眼睛，主要處理方法是以大量清水沖洗。
3. 攝食性中毒：指意外誤食毒物或自殺吞食，主要處理方法是催吐、洗胃、服用輕瀉劑或吸附劑。

➲ 急救方法

1. 嚴重中毒後，已導致神智不清、喪失意識、昏迷的患者，不能催吐，也不能餵食任何東西。
2. 酸或鹼中毒，如鹽酸、漂白水者，為避免食道和腸胃道二次灼傷，也不能催吐。
3. 食入揮發性高之煤油或有機溶劑，催吐後很容易引起吸入性肺炎和食道、腸胃道的傷害。
4. 誤服樟腦丸或樟腦油中毒而傷及神經系統者，可能會引起痙攣或抽搐，因此也不適合催吐。

12-3 殺蟲劑中毒的類型

1. 有機磷(Organophosphate)中毒：如亞特松、陶斯松、撲滅松、亞培松、撲芬松、美文松、大滅松。
2. 氨基甲酸鹽(Carbamate)中毒：如安丹、拜貢、好年冬。

3. 合成除蟲菊精(Pyrethrine)中毒：如百滅寧、賽滅寧、治滅寧、第滅寧、酚丁滅寧、芬化利。
4. 殺鼠劑(Rodenticide)中毒：如滅鼠靈、獵鼠、得伐鼠。

12-4 殺蟲劑中毒的急救方法

1. 有機磷劑中毒解毒劑：阿托平(Atropin)及巴姆(PAM)。
2. 氨基甲酸鹽中毒解毒劑：阿托平。
3. 合成除蟲菊精中毒：不需特別治療。
4. 殺鼠劑誤食中毒：30 分鐘內若無自發性嘔吐，可進行催吐。
5. 抗凝血素殺鼠劑中毒解毒劑：維生素 K 或 K_1。

12-5 殺蟲劑中毒的緊急處置

1. 將殘留的殺蟲劑與嘔吐物等標本隨同患者一併送醫，俾供醫院鑑定診療，要注意避免自己被汙染或中毒。
2. 打 119 求援或將傷患送醫，並提供有關患者傷情資料。
3. 維持患者呼吸通暢及預防休克。
4. 必要時可電話向毒藥物諮詢中心洽詢有關事宜：
   (1) 北區：臺北榮民總醫院毒藥物防治諮詢中心(02) 28717121 或(02) 28757525（24 小時服務）。
   (2) 中區：臺中榮民醫總院毒物諮詢中心(04) 23599783 或(04) 23592525。
   (3) 南區：高雄醫學大學附設醫院毒藥物諮詢檢驗中心(07) 3162631 或(07) 3121101~7563。

課後複習

1. 參考致死劑量或致死濃度資料，可用來推測殺蟲劑對下列何者的危害程度？(A)害蟲 (B)人類 (C)非標的生物 (D)以上皆是。
2. 下列何種殺蟲劑可作用於害蟲的神經系統，稱為神經毒劑？(A)對硫磷 (B)呋喃丹 (C)除蟲菊酯 (D)以上皆是。
3. 下列何種殺蟲劑可作用於昆蟲氣門、氣管而影響氣體運送使其窒息死亡，或者是藥劑抑制害蟲的呼吸酶而使其中毒死亡，稱為呼吸毒劑？(A)魚藤酮 (B)有機磷劑 (C)氨基甲酸鹽劑 (D)合成除蟲菊類。
4. 下列何種殺蟲劑可堵塞害蟲氣門使害蟲致死，稱為物理性毒劑？(A)魚藤酮 (B)礦物油劑 (C)氨基甲酸鹽劑 (D)有機氯殺蟲劑。
5. 下列何種殺蟲劑能引起害蟲生理上的異常反應，使害蟲致死，稱為特異性殺蟲劑？(A)驅避劑 (B)拒食劑 (C)生長調節劑 (D)以上皆是。
6. 下列何種殺蟲劑性質穩定、不易光解、無特殊臭味、安全係數高，殺蟲種類廣？(A)合成除蟲菊類 (B)氨基甲酸鹽類 (C)生長調節劑 (D)有機磷劑。
7. 下列何種化學物質若使用不當而導致中毒，不能催吐？(A)鹽酸 (B)漂白水 (C)有機溶劑 (D)以上皆是。
8. 下列何種殺蟲劑中毒，不需特別治療？(A)有機磷劑中毒 (B)氨基甲酸鹽中毒 (C)合成除蟲菊精中毒 (D)抗凝血素殺鼠劑中毒。
9. 下列何種殺蟲劑對害蟲的效果、毒性適中但對魚類毒性強？(A)百滅寧 (B)亞滅寧 (C)芬普寧 (D)以上皆是。

10. 下列市面上販售的常用殺蟲劑種類中，何者對害蟲效果好、毒性強，但對人、畜易導致急性或慢性中毒？(A)有機磷類殺蟲劑 (B)氨基甲酸鹽類殺蟲劑 (C)合成除蟲菊類殺蟲劑 (D)以上皆是。
11. 殺蟲劑對病媒害蟲的毒殺方式以何種劑型效果最快？(A)食餌致胃毒 (B)生長調節劑 (C)驅避劑 (D)燻蒸劑。
12. 以尼古丁或紅花除蟲菊所製造出來的毒殺劑，被歸類為何種殺蟲劑？(A)無機殺蟲劑 (B)惰性殺蟲劑 (C)自然農業殺蟲劑 (D)以上皆是。
13. 下列何者是有機磷劑中毒解毒劑？(A)阿托平(Atropin) (B)維生素 K 或 K1 (C)免疫球蛋白 (D)腎上腺皮質酮(Prednisolone)。
14. 下列何者是氨基甲酸鹽中毒解毒劑？(A)阿托平(Atropin) (B)維生素 K 或 K1 (C)巴姆(PAM) (D)以上皆是。
15. 下列何者是抗凝血素殺鼠劑中毒解毒劑？(A)阿托平(Atropin) (B)維生素 K 或 K1 (C)腎上腺皮質酮(Prednisolone) (D)巴姆(PAM)。

參考文獻

人疥蟎．取自 https://zh.wikipedia.org/wiki/%E7%96%A5%E7%96%AE

王正雄(1994)．*家屬防治概論*（增修版，148 頁）．中華環境有害生物防治協會出版。

王正雄(1997)．*住家蟑螂生物學與防治*（392 頁）．中華環境有害生物防治協會。

王正雄(2009)．*環境有害生物防治文萃選輯*（第二輯，417 頁）．中華環境有害生物防治協會。

王正雄、徐爾烈、羅怡佩、朱耀沂(1987)．*各型垃圾場蠅類發生之比較及防治方法之設計擬議*（39 頁）．行政院環保署環境保護局報告。

王凱淞(2002)．*環境衛生病媒管制學*（246 頁）．新文京。

王凱淞(2015)．*病媒管制學*（320 頁）．新文京。

王凱淞(2022)．*環境衛生害蟲防治*（242 頁）．新文京。

王凱淞、葉金彰(1997)．*臺灣鋏蠓幼蟲孳生源調查*（111-123 頁）．行政院環保署第九屆病媒防治技術研討會論文集。

王博優(1981)．*新抗凝血素殺鼠劑 Brodifacoum 防除蔗園野鼠之效果*（33-40 頁）．臺灣糖業研究所研究彙報第 87 號。

王博優(1989)．*新抗凝血素殺鼠劑伏滅鼠防除蔗園野鼠之效果*（17-27 頁）．臺灣糖業研究所研究彙報第 123 號。

王博優(1990)．鼠類對雜穀餌料的喜食性．*高醫醫誌，6*，402-407。

王敦清(1956)．幾種常見蚤類幼蟲型態的比較研究．*昆蟲學報，6*，311-322。

王耀東、賴鎮棋、王正雄、蕭東銘、蘇邱松(1976)．*臺北市蒼蠅孳生源之研究*（15 頁）．臺北市政府衛生局編印。

古德業、林慶鐘(1980)．臺灣中部地區倉庫鼠類組成及棲所探討．*植物保護學會會刊，22*，321-325。

安德遜蠅虎．泛科學。https://pansci.asia/archives/334180

行政院農業委員會動植物防疫檢疫局(2017)．*防治荔枝椿象新利器、生物防治法及新核准藥劑*。https://www.baphiq.gov.tw/theme_data.php?Theme=NewInfoListWS&id=11942

行政院衛生署(1993)．*臺灣撲瘧紀實*（259 頁）．國堡印刷事業股份有限公司。

行政院衛生署、環境保護署登革熱防治中心(1989)．*登革熱防治工作手冊*（191 頁）。

行政院衛生署疾病管制局(2009)．*登革熱防治工作指引*．行政院衛生署疾病管制局。

行政院環境保護署(1989)．*家鼠防治固定毒餌站設置手冊*（13 附圖）．行政院環境保護署編印。

行政院環環境保護署(2015)．*居家塵蟎防治手冊*。http://www.epa.gov. tw

衣魚。https://zh.wikipedia.org/wiki/%E8%A0%B9%E9%AD%9A

衣蛾。https://zh.wikipedia.org/wiki/%E8%A1%A3%E8%9B%BE

吳文哲、徐孟豪、許洞慶(1991)．貓蚤的生態與防治．*中華昆蟲特刊，6*，49-65。

李學進(1990)．美洲蟑螂之生活史及滅蟑餌劑亞特松之藥效評估．*國立中興大學興大昆蟲學報，23*，37-45。

李學進、王俊雄(2000)．*居家害蟲生態與防治技術*（308 頁）．國立中興大學農業推廣中心暨昆蟲學系編印。

周延鑫、楊琇婷(1990)．蟑螂性費洛蒙及青春激素類似物之應用簡介．*高雄醫誌，6*，389-401。

周玲、吳盈昌、樂怡雲等(1997)．*臺灣地區登革熱流行之現況分析*（5-7 頁）．行政院環保署第九屆病媒防治技術研討會論文集。

周欽賢、連日清、王正雄(1996)．*醫學昆蟲學*（536 頁）．南山堂出版社。

林和木、陳錦生、許清泉、鍾兆麟(1986)．屏東縣琉球鄉登革熱病媒蚊密度調查．*中華微免雜誌，19*，218-223。

果蠅。https://zh.wikipedia.org/wiki/%E6%9E%9C%E8%9D%87

花蜘蛛。https://baike.sogou.com/v75703516.htm

虎頭蜂。https://zh.wikipedia.org/wiki/%E8%99%8E%E9%A0%AD%E8%9C%82%E5%B1%AC

柳忠婉、丁爾成、蔡連來、梁玉寬(1964)．臺灣蠛蠓孳生地調查．*中國昆蟲學報，13*(5)，757-760。

紅火蟻。https://zh.wikipedia.org/wiki/%E7%81%AB%E8%9F%BB%E5%B1 %AC

范茲德(1957)．上海常見蠅類幼蟲小志．*昆蟲學報，7*，405-422。

唐立正(1996)．牧場家蠅生態及防治．*動物衛生季刊，4*，12-19。

唐立正、李學進、侯豐男、王正雄(1987)．*垃圾處理場蠅類孳生源之生態與防治方法之研究*（23 頁）．行政院環保署環境保護局報告。

唐立正、董耀仁、侯豐男(1988)．*垃圾處理場蠅類族群成長控制因子之研究*（32 頁）．行政院環境保護署研究報告。

姬緣蝽象。https://zh.wikipedia.org/wiki/%E7%BA%A2%E8%9D%BD%E7 %A7%91

家天牛。https://zh.wikipedia.org/wiki/%E5%A4%A9%E7%89%9B%E7%A 7%91

家蚊。https://zh.wikipedia.org/wiki/%E5%AE%B6%E8%9A%8A

師健民、趙麗蓮(1997)．萊姆病．*疫情報導，13*(12)，386-391。

徐士蘭、饒連財(1979)．數種室居蜚蠊之生活習性及其防治法．*臺灣環境衛生，11*，54-66。

徐孟豪、吳文哲(1999)．*貓蚤的生殖及其在防治上的應用*（221-230 頁）．行政院環保署第十一屆病媒防治技術研討會論文集。

徐孟豪、許洞慶、吳文哲(1993)．臺北市貓蚤(*Ctenocephalides felis* (Bouche))之季節消長．*中華昆蟲，13*，59-67。

徐爾烈(2000)．*居家害蟲防治藥劑之種類及使用方法*．居家害蟲生態與防治技術（269-284 頁）．國立中興大學農業推廣中心暨昆蟲學系編印。

恙蟎。https://www.cdc.gov.tw/uploads/Files/80f06ff9-1a98-441b-afce-894c29569def.pdf

書蝨。https://zh.wikipedia.org/wiki/%E5%95%AE%E8%99%AB%E7%9 B%AE

病媒防治專業技術人員訓練教材(2018)．*行政院環環境保護署環境保護人員訓練所*(3.1~5.5、8.1~9.5)．東海大學印製。

草地貪夜蛾。https://zh.wikipedia.org/wiki/%E8%8D%89%E5%9C%B0%E8%B2%AA%E5%A4%9C%E8%9B%BE

荔枝蝽象。https://zh.wikipedia.org/wiki/%E8%8D%94%E8%9D%BD

蚤蠅。https://zh.wikipedia.org/wiki/%E8%9A%A4%E8%9D%87

馬陸。https://zh.m.wikipedia.org/zh-tw/%E9%A6%AC% E9%99 %B8

馬陸。https://zh.wikipedia.org/wiki/%E5%80%8D%E8%B6%B3%E7%B6 %B1

莊益源(1994)．*臺灣鋏蠓之生活史及其在南投地區之季節消長*（52 頁）．國立中興大學昆蟲學研究所碩士論文。

蚰蜒。https://zh.wikipedia.org/wiki/%E8%9A%B0%E8%9C%92

蛀木蟲。https://www.itsfun.com.tw/%E8%9B%80%E6%9C%A8%E 8%9F% B2/wiki 7420584-3937364

連日清(1960)．臺灣之瘧蚊．*臺灣撲瘧報導，3*，23-27。

陳錦生(1992)．*病媒防治人員訓練講義*(13-1~13-18)．東海大學。

陳錦生、徐世傑、連日清(1982)．花蓮地區臺灣鋏蠓季節消長研究．*國立臺灣大學植物病蟲害學刊，9*，68-90。

陸寶麟等編著(1997)．中國動物誌，昆蟲綱，第九卷，雙翅目，蚊科（下）（190頁）．科學出版社。

費雯綺、王喻其(2007)．*植物保護手冊*（281-282 頁）．行政院農業委員會農業藥物毒物試驗所。

馮蘭洲、馬素芳、劉維德(1958)．中華瘧蚊傳染馬來絲蟲的進一步研究．*中華醫學雜誌，1*，13-17。

搖蚊。https://zh.wikipedia.org/wiki/%E6%90%96%E8%9A%8A%E7%A7 %91

楊水城(1974)．撲滅蟑螂工作報告．*臺灣環境衛生，6*(2)，13-18。

葉金彰、王凱淞(2000)．居家害蟲生態與防治技術：第十章小黑蚊之生態與防治（145-159 頁）．國立中興大學農業推廣中心暨昆蟲學系。

蛾蚋。https://zh.wikipedia.org/wiki/%E8%9B%BE%E8%9A%8B%E7% A7%91

蜈蚣。https://zh.wikipedia.org/wiki/%E8%9C%88%E8%9A%A3

塵蟎。https://zh.wikipedia.org/wiki/%E5%A1%B5%E8%9F%8E

蒼蠅。https://zh.wikipedia.org/wiki/%E5%AE%B6%E8%A0%85

蜘蛛。https://zh.wikipedia.org/wiki/%E8%9C%98%E8%9B%9B

蜘蛛的習性。https://www.easyatm.com.tw/wiki/%E8%9C%98%E8%9B%9B%E7%9A%84%E7%BF%92%E6%80%A7

劉玉章(2003)．*臺灣東方果實蠅及瓜實蠅之研究及防治回顧*（1-40 頁）．昆蟲生態與瓜果實蠅研究研討會論文合輯。

劉藍玉、楊正澤(2005)．*竹木材檢疫重要蠹蟲類（鞘翅目）害蟲介紹*．植物重要防疫檢疫害蟲診斷鑑定研習會專刊(五)（35~54 頁）。

劉麗娟(2010)．蜚蠊綜合防治研究概況．*中國媒介生物學及控制雜誌，21*(1)，85頁。

蔡肇基（無日期）．*塵蟎(Dust mite)藥劑防治*（55 頁）．臺灣環境有害生物管理協。http://tepma.org.tw。

衛生福利部疾病管制署(2014)．*傳染病防治工作手冊－黃熱病*．衛生福利部疾病管制署。

衛生福利部疾病管制署(2015)．*淋巴血絲蟲*。http://www.cdc.gov.tw/professional/Filariasis

衛生福利部疾病管制署(2015)．*瘧疾*。http://www.cdc.gov.tw/home/Malaria

鄧國藩(1956)．人蚤(*Pulex irritans* Linn.)及貓櫛頭蚤(*Ctenocephalides felis* Bouche)小志．*昆蟲學報，6*，543-545。

鄧國藩、馮蘭洲(1953)．溫帶及熱帶臭蟲 *Cimex lectularis* L., *Cimex hemiptera* F.在中國地理的分布．*昆蟲學報，2*，253-264。

壁虎。https://zh.wikipedia.org/wiki/%E5%A3%81%E8%99%8E%E7% A7%91

盧文成、林立豐、段金花等(2004)。*小黃家蟻的人工飼養研究*．中華衛生殺蟲藥械，10(4)，266-267.

盧高宏(1993)．家鼷鼠(*Mus musculus castaneus*)對四種抗凝血性殺鼠劑之感受性評估．*植物保護學會會刊，35*，205-210。

螞蟻。https://zh.wikipedia.org/wiki/%E8%9A%82%E8%9A%81.

賴景陽、朱耀沂(1989)．*可愛世界（上）動物篇*（171-172 頁）．國語日報。

戴維伯尼爾(2007)．*動物奇觀*（55 頁）．世一文化事業股份有限公司與明天國際圖書合作。

蟑螂。https://zh.wikipedia.org/wiki/%E8%9F%91%E8%9E%82

謝維銓、陳明豐、林桂堂等(1982)．1981 年在屏東縣琉球鄉流行的登革熱之研究．*臺灣醫誌，81*，1388-1395。

隱翅蟲。https://zh.wikipedia.org/wiki/%E9%9A%B1%E7%BF%85%E8% 9F%B2%E7%A7%91

魏登賢、李鍾祥、賴鎮棋、王正雄、蕭東銘(1976)．臺北市家蠅類之月消長調查報告．*公共衛生(5)*，160-166。

魏登賢等．頭蝨防治之經驗．*公共衛生，8*，410-417。

嚴奉琰、徐世傑、楊仲圖、孫志寧(1989)．*害蟲管制概論*（503 頁）．國立編譯館主編。

Afzelius, A. (1921). Erythema chronicum migrans. Acta Dermatol. Verereol 2, 120-125.

Anderson, J. F., Ferrandino, F. J., McKnight, S., Nolen, J., Miller, J. (2009). A carbon dioxide, heat and chemical lure trap for the bed bug, cimex lectularius. *Medical and Veterinary Entomology, 23*, 99-105.

Andrews R. M., McCarthy, J., Carapetis, J. R., Currie, B. J. (2009). Skin disorders, including pyoderma, scabies, and tinea infections. *Pediatric. Clinics of North America, 56* (6), 1421-40.

Anon. (1993). *A global strategy for mamlria control.* World Health Organization.

Anonym (1973). WHO computer survey of Stegomyia mosquitoes, 1972. VBC/ 73.11.

Arguin, P. M., Kozarsky, P.E., Reed, C. (eds.) (2008). Chapter 4: Rickettsial Infections. *CDC Health Information for International Travel, 2008*. Mosby.

Bahmanyar, M., D. C. Cavanaugh. (1976). Plague Mual. W. H. O. Geneva, 76 pp.

Beard, R. L. (1963). Insect toxins and venoms. Ann Rev. Ent 8: 1-18.

Bennett, G. W., J. M. Owens, R. M. Corrigan. (1988). Truman's scientific guide to pes control operations, 4th ed., Edgell Communications. Minnesota, U.S.A. pp. 127-145.

Bhattacharya, N. C., N. C. Dey. (1969). Preliminary laboratory study on the bionomic of *Aedes aegypti* and *Aedes albopictus*. Bull. Calcutta School Tropical Medicine, 17: 43-44.

Bouvresse, S., Chosidow, O. (2010). Scabies in healthcare settings. *Curr Opin Infect Dis* 23 (2): 111-8.

Brookes, M. (2002). *Drosophila - Die Erfolgsgeschichte der Fruchtfliege*, Rowohlt Verlag, Hamburg.

Brooks, J. E., F. P. Rowe (1979). Commensal rodent control. WHO/ VBC/ 79.726, 10 pp.

Brown, A. W. A., R. Pal. (1971). Insecticide in Arthropods. W. H. O. Monograph Series No. 38, 491 pp.

Brown, B.V. (2012). Small size no protection for acrobat ants: world's smallest fly is a parasitic phorid (Diptera: Phoridae). *Annals of the Entomological Society of America, 105*(4): 550-554.

Busvine, J. R. (1978). Evidence from double infestations for the specific status of human head lice and body lice. Systematics Entomology 3: 1-8.

Busvine, J. R. (1980). Insects and Hygiene. Methuenand Co., London. 568 pp.

Calisher, C. H., Karabatsos, N., Dalrymple, J. D., et al. (1989). Antigenic relationships between flavviruses as determined by cross-neutralization tests with polyclonal antisera. J Gen Virol 70: 37-43.

Carpenter, J. M., Kojima, J. (1997). Checklist of the species in the subfamily Vespinae (Insecta: Hymenoptera: Vespidae). Natural History Bulletin of Ibaraki University. 1: 51-92.

Centers for Disease Control, Taiwan. (2008). Statistics of communicable diseases and surveillance report. 2004-8.

Chagas, C. (1909). "Neue Trypanosomen". *Vorläufige Mitteilung Arch Schiff Tropenhyg* **13**: 120-2.

Chan, Y. C., Ho, B. C., K. L. Chan. (1971). *Aedes aegypti* and *Aedes albopictus* in Singapore City. Bull Wld Hlth Org. 44: 651-658.

Chapman, H. C. (1974). Biological control of mosquito larvae. Ann Rev Ent 19: 33-59.

Chen, C. S., J. C. Lien, Y. N. Lin, S. J. Hsu. (1981). The diurnal biting pattern of a bloodsucking midge, *Forcipomyia taiwana*. Chin J Microb Immun 14: 54-56.

Chen, C. S., Y. N. Lin, C. L. Chung, H. Hung. (1979). Preliminary observations on the larval breeding sites and adult resting places of a bloodsucking midge, *Forcipomyia* (*Lasiohelea*) *taiwana*. Bull Soc Ent, *Natl Chung Hsin Univ., Taichung 14*: 51-59.

Chen, W.J., Wei, H.L., Hsu, E.L. & Chen, E.R. (1993). Vector competence of *Aedes albopictus* and *Ae. aegypti* (Diptera: Culicidae) to dengue 1 virus on Taiwan: development of the virus in orally and parenterally infected mosquitoes. *Journal of Medical Entomology. 30*(3): 524-530.

Chow, C. Y., R. B. Watson, T. L. Chang. (1950). Natural infection of Anopheline mosquitoes with malaria parasites in Formosa. *Indian J Malariology 4*: 295-300.

Chow, C. Y., T. C. Huang. (1950). The identification of known species of Taiwan fleas. *Quart J Taiwan Mus 3*: 113-122.

Chow, Y. S. et al. (1976). Sex-pheromone of the American cockroach, *Periplaneta americana*. I. Isolation techniques and attraction test for the pheromone in a heavily infested room. *Bull Inst Zool Academia sinica (Taipei) 15*: 9-15.

Disney, R. H. L. (2008). "Natural History of the Scuttle Fly, *Megaselia scalaris*". *Annual Review of Entomology 53*: 39–60.

Dryden, M. W. (1993). Biology of the cat flea, *Ctenocephalides felis felis. Companion Anim Pract 19*(3): 23-27.

Dryden, M. W., A. B. Broce. (1993). Development of a trap for collecting newly emerged *Ctenocephalides felis* (Siphonaptera: Pulicidae) in homes. *J Med Entomol 30*: 901-906.

Dubatolov, V., Kojima, J. Carpenter, J. M., Lvovsky, A. (2003). Subspecies of Vespa crabro in two different papers by Birula in 1925. *Entomological Science. 6*: 215-6.

Eggleston, P. A., L. K. Arruda. (2001). Ecology and elimination of cockroaches and allergens in the home. *J Allergy Clin Immunol 107*: 422-429.

Fan, P. C. (1978). *Medical parasitology Chapter 4: Medical Entomology,* 3rd, edit, Men-Chih Book Printing Company Limited, Taipei, Taiwan, R.O.C. p489-653.

Gates, R. H. (2003). *Infectious disease secrets* (2. ed.). Philadelphia: Elsevier, Hanley Belfus. p. 355.

Gerard, P. J., Ruf, L. D. (1995). Effect of a neem (*Azadirachta indica*) extracts on survival and feeding of larvae of four keratinophagous insects. *J. Stored Proc. Rev. 31*: 111-116.

Goldberg, L. J., J. Margalit. (1977). A bacterial spore demonstrating rapid larvicidal activity against mosquitoes. *Mosq News 37*: 355-358.

Guzman, M.G., Gustavo, K. (2002). Dengue: an update. *Lancet Infect Dis 2*:33-42.

Harrison, D. A., Cooper, R.L. (2003). "Characterization of development, behavior and neuromuscular physiology in the phorid fly, Megaselia scalaris". *Comparative biochemistry and physiology. Part A, Molecular & integrative physiology 136* (2): 427-39.

Hay, R. J. (2009). Scabies and pyodermas—diagnosis and treatment. *Dermatol Ther 2* (6): 466-74.

Hermes, W. B. (1950). *Medical Entomology*, 4th, edit, Macmillan, New York. 643pp.

Hicks, M. I., Elston, D. M. (2009). Scabies. *Dermatol Ther 22* (4): 279-92.

Huang H. C., C. L. Lee, T. M. Pan. (1994). A preliminary report on *Borrelia burgdorferi* infection in the Taiwan area. Chinese J Microbiol Immunol 27: 211-214.

Hurlbut, H. S. (1964). The pig-mosquito cycle of Japanese encephalitis virus in Taiwan. *J Med Entomol1*:301-7.

Ishii, S., Y. Kuwahara. (1967). An aggregation pheromone of the German cockroach. *Appl Ent Zool 2*: 203-217.

Jone, J. C. (1974). Sexual activities during simple and multiple cohabitations in *Aedes aegypti* mosquitoes. J Ent 48: 185-191.

Lien, J. C. (1968). Mosquitoes in Taiwan. *Jap J Trop Med 9*: 1-3.

Lien, J. C., C. Y. Chen. (1974). Species of flies breeding in latrines in the Taipei area. *Chin J Microbiol 7*: 165-175.

Lin, K. C., Chang, H. L., Chang, R. Y. (2004). Accumulation of a 3'-terminal genome fragment in Japanese encephalitis virus-infected mammalian and mosquito cells. *J Virol 78*:5133-38.

Lin, T.H., Lu, L. C. (1995). Population fluctuation of Culex tritaeniorhynchus in Taiwan. Chinese *J Entomol 15*:1-9.

Liu, W. T. and S. H. Zia. (1941). Studies on the murine origin of typhus epidemics in North China. I. Murine-typhus Rickettsia isolated from body lice in the garments of a sporadic case. *Am J Trop Med 21*: 507-523.

Liu, W. T. and S. H. Zia. (1941). Studies on the murine origin of typhus epidemics in North China. II. Typhus, Rickettsia isolated from mice and mouse-fleas during an epidemic in a household and from body lice in the garments of one of the epidemic cases. *Am J Trop Med 21*: 605-625.

Matthews, B. E. (1998). *At home with the host. An introduction to parasitology.* Cambridge University Press. reprinted 2001: 96–120. ISBN 0-521-57691-1.

Medical News Today. (2009). *What Are Bed Bugs? How To Kill Bed Bugs.* MediLexicon International Ltd. 2009-07-20 [2010-05-27].

Mulla, M. S., H. Axelrod. (1983a). Evaluation of the IGR Larvadex as a feed-through treatment for the control of pestiferous flies on poutry ranches. *J Econ Entomol 76*: 515-519.

Mulla, M. S., H. Axelrod. (1983b). Evaluation of Larvadex, a new IGR for the control of pestiferous flies on poultry ranches. *J Ecin Entomol 76*: 520-524.

Okuno, T., Mitchell, C. J., Chen, P. S., et al. (1973).Seasonal infection of Culex mosquitoes and swine with Japanese encephalitis virus. *Bull Wld Hlth Org 49*:347-52.

Olson, J. G., Bourgeois, A. L., Fang, R. C., Coolbaugh, J. C., Dennis, D. T. (1980). Prevention of scrub typhus. Prophylactic administration of doxycycline in a randomized double blind trial. *Am J Trop Med Hyg. 29*:989-97.

Pedigo, L. P. (1991). *Entomology and pest management*. MacLillan Publisher Co. 646 pp.

Peyton, E. L., B. A. Harrison. (1979). *Anopheles dirus*, a new species of the *leucosphyrus* group from Thailand. *Mosq Syst 11*: 40-52.

Pham, X. D., Otsuka, Y., Suzuki, H., Takaoka, H. (2001). Detection of *Orientia tsutsugamushi* (Rickettsiales: Rickettsiaceae) in unengorged chiggers (Acari: Trombiculidae) from Oita Prefecture, Japan, by nested polymerase chain reaction *J Med Entomol 38*: 308-311.

Piesman J., T. N. Mather, R. J. Sinsky, et al. (1987). Duration of tick attachment and *Borrelia burgdorferi* transmission. *J Clin Microbiol 25*: 557-558.

Rosen, L., Lien, J. C., Lu, L. C. (1989). A longitudinal study of the prevalence of Japanese encephalitis virus in adult and larval *Culex tritaeniorhynchus* mosquitoes in northern Taiwan. *Amer J Trop Med Hyg 40*:557-60.

Rozendaal, J. A. (1997). Vector control: Methods for use by individuals and communities. Wld Hlth Org, Geneva. 398 pp.

Scott, H. G., M. R. Borom. (1976). *Rodent-borne disease control through rodent stoppage*. U. S. Public Health Service, Center for Disease Control. 33 pp.

Shih C. M. L. L. Chao, J. J. Chang. (1996). Primary isolation of Lyme disease spirochetes in Taiwan. The 30th Annual Meeting of the Chinese Society of Microbiology (Abstract BM-35), December 8, Taipei, Taiwan, Republic of China

Silverman, J., M. K. Rust. (1983). Some abiotic factors affecting the survival of the cat flea, *Ctenocephalides felis* (Siphonaptera: Pulicidae). Environ Entomol 12: 490-495.

Silverman, J., M. K. Rust. (1985). Extended longevity of the preemerged adult cat flea (Siphonaptera: Pulicidae) and factors stimulating emergence from the pupal cocoon. *Ann Entomol Soc Am 78*: 763-768.

Smith, K. G. V. (1973). *Insects and other Arthropods of Medical Significance*. Publ No. 720, Brit Mus (Nat Hist) London, 561 pp.

Spach D. H., W. C. Liles, G. L. Campbell, et al. (1993). Tick-borne diseases in the United States. *N Engl J Med 329*: 936-947.

Steere A. C. (1989). Lyme disease. *N Engl J Med 321*: 586-596.

Steere A. C. N. H. Bartenhagen, J. E. Craft, et al. (1938). The early clinical manifestations of Lyme disease. *Ann Intern Med 99*: 76-82.

Steere A. C., S. E. Malawista, D. R. Syndman, et al. (1977). Lyme arthritis: an epidemic of oligoarticular arthritis in children and adults in three Connecticut communities. *Arthritis Rheum 20*: 7-17.

Stromatium longicorne (Newman, 1842). *Taiwan Encyclopedia of Life*. https://taieol.tw/pages/78029

Sukontason, K., Sukontason, K. L., Piangjai, S., Boonchu, N., Chaiwong, T., Vogtsberger, R. C. (2003). "Mouthparts of Megaselia scalaris (Loew) (Diptera: Phoridae)". *Micron (Oxford, England : 1993) 34* (8): 345–50.

Sun, K. C. (1974). Laboratory colonization of biting midges. *J Med Ent 11*: 71-73.

Sun, W. K. C. (1964). The seasonal succession of mosquitoes in Taiwan. *J Med Entomol 1*:277-84.

Taylor, Robert W. (2014). Evidence for the Absence of Worker Behavioral Subcastes in the Sociobiologically Primitive Australian Ant Nothomyrmecia macrops Clark (Hymenoptera: Formicidae: Myrmeciinae). Psyche: A Journal of Entomology.

Teng, H. J., Lu, L. C., Wu, Y. L., et al. (2005). Evaluation of various control agents against mosquito larvae in rice paddies in Taiwan. *J Vec Eco 30*:126-32.

Tseng, B. Y., Yang, H. H., Liou, J. H., Chen, L. K., Hsu, Y. H. (2008). Immunohistochemical study of scrub typhus: a report of two cases. *Kaohsiung J. Med. Sci. 24*: 92–8.

Traniello, James F. A. (1982). Population Structure and Social Organization in the Primitive Ant Amblyopone Pallipes (Hymenoptera: Formicidae). Psyche: A Journal of Entomology.

United Kingdom Health Protection Agency. (2005). "Chagas' disease (American trypanosomiasis) in southern Brazil". *CDR Weekly 15* (13). Retrieved 30 April 2015.

van Emden H. F., Pealall, D. B. (1996). *Beyond Silent Spring, Chapman & Hall,* London, 322 pp.

W. H. O. (1982). *Malaria control and national health goals.* Wld Hlth Org, techn Rep Ser, No. 680, 68 pp.

W. H. O. (1985). *Viral haemorrhagic fever.* Wld Hlth Org, techn Rep Ser, No. 721, 12 pp.

W. H. O. (2014). "Trypanosomiasis, Human African (sleeping sickness)". Fact sheet N°259. World Health Organization.

W. H. O. (2014). *Malaria.* Fact sheet No 94. http://www.who.int/mediacentre/factsheets/fs094/en/

Warren, S. (1986). *Flea busters: principles of flea control.* Modern Vet Pract 9: 732-734.

Weiser, J. (1968). Guide to field determination of major groups of pathogens and parasites affecting arthropods of public health importance. WHO/VBC/68.59, 24 pp.

Weng, M. H., Lien, J. C., Ji, D. D. (2005). Monitoring of Japanese encephalitis virus infection in mosquitoes (Diptera: Culicidae) at Guandu Nature Park, Taipei, 2002-2004. *J Med Entomol 42*:1085-8.

Wernsdorfer, G., W. H. Wernsdorfer. (1988). *Social and economic aspect of malaria and its control.* In Wernsdorfer, W. H., and I. McGregor, (eds). Malaria principle and practice of Malariology. Churchill Livingstone, Edinburgh, vol. 2, pp. 1421-1471.

Yeh, C. C., Y. Y. Chuang. (1996). Colonization and bionomies of *Forcipomyia taiwana* (Diptera: Ceratopogonidae) in the laboratory. *J Med Entomol 33*: 445-448.

New Wun Ching Developmental Publishing Co., Ltd.

New Age · New Choice · The Best Selected Educational Publications — NEW WCDP

NEW WCDP
新文京開發出版股份有限公司
新世紀 · 新視野 · 新文京 — 精選教科書 · 考試用書 · 專業參考書